Zhongguo Wenhua
Zhishi Dubeen

中国文化知识读本

古代家训

吉林出版集团有限责任公司

吉林文史出版社

主编

金开诚

编著

丁超

图书在版编目（CIP）数据

古代家训 / 丁超编著. —— 长春 ：

吉林出版集团有限责任公司 ：吉林文史出版社，2009.12 （2023.4重印）

（中国文化知识读本）

ISBN 978-7-5463-2006-9

Ⅰ. ①古… Ⅱ. ①丁… Ⅲ. ①家庭道德－中国－古代

Ⅳ. ①B823.1

中国版本图书馆CIP数据核字(2009)第237211号

古代家训

GUDAI JIAXUN

主编/ 金开诚　编著/丁　超

项目负责/崔博华　责任编辑/曹　恒　于　涉

责任校对/王凤翎　装帧设计/曹　恒

出版发行/吉林出版集团有限责任公司　吉林文史出版社

地址/长春市福祉大路5788号　邮编/130000

印刷/天津市天玺印务有限公司

版次/2009年12月第1版　印次/2023年4月第4次印刷

开本/660mm×915mm　1/16

印张/8　字数/30千

书号/ISBN 978-7-5463-2006-9

定价/34.80元

编委会

主　任: 胡宪武

副主任: 马　竞　周殿富　孙鹤娟　董维仁

编　委 (按姓氏笔画排列)：

于春海　王汝梅　吕庆业　刘　野　李立厚

邴　正　张文东　张晶昱　陈少志　范中华

郑　毅　徐　潜　曹　恒　曹保明　崔　为

崔博华　程舒伟

前 言

　　文化是一种社会现象，是人类物质文明和精神文明有机融合的产物；同时又是一种历史现象，是社会的历史沉积。当今世界，随着经济全球化进程的加快，人们也越来越重视本民族的文化。我们只有加强对本民族文化的继承和创新，才能更好地弘扬民族精神，增强民族凝聚力。历史经验告诉我们，任何一个民族要想屹立于世界民族之林，必须具有自尊、自信、自强的民族意识。文化是维系一个民族生存和发展的强大动力。一个民族的存在依赖文化，文化的解体就是一个民族的消亡。

　　随着我国综合国力的日益强大，广大民众对重塑民族自尊心和自豪感的愿望日益迫切。作为民族大家庭中的一员，将源远流长、博大精深的中国文化继承并传播给广大群众，特别是青年一代，是我们出版人义不容辞的责任。

　　本套丛书是由吉林文史出版社和吉林出版集团有限责任公司组织国内知名专家学者编写的一套旨在传播中华五千年优秀传统文化、提高全民文化修养的大型知识读本。该书在深入挖掘和整理中华优秀传统文化成果的同时，结合社会发展，注入了时代精神。书中优美生动的文字、简明通俗的语言、图文并茂的形式，把中国文化中的物态文化、制度文化、行为文化、精神文化等知识要点全面展示给读者。点点滴滴的文化知识仿佛颗颗繁星，组成了灿烂辉煌的中国文化的天穹。

　　希望本书能为弘扬中华五千年优秀传统文化、增强各民族团结、构建社会主义和谐社会尽一份绵薄之力，也坚信我们的中华民族一定能够早日实现伟大复兴！

目录

一、韩非家训

韩非子像

（一）作者简介

韩非，战国时期韩国人，出身于贵族世家，是韩国的公子，约生于公元前280年（周赧王三十五年），卒于公元前233年（秦始皇十四年），思想家、散文家。他曾是荀子的学生，但其思想又源于老子，综合了商鞅、申不害等法家的思想，形成了更完整的法家思想体系。在战国七雄中，韩国是最弱的一个国家，韩非眼看韩国日趋衰弱，多次上书向韩王进谏，希望韩王安能变法图强，但都未被采用，于是发奋著书。书传到秦国，为秦王所称赞。后韩非出使到秦国，为李斯所陷害。

（二）原文摘录

曾子之妻之市，其子随之而泣。其母曰："女还，顾反为女杀彘。"妻适市来，曾子欲捕彘杀之。妻止之曰："特与婴儿戏耳。"曾子曰："婴儿非与戏也。婴儿非有知也，待父母而学者也，听父母之教。今子欺之，是教子欺也。母欺子而不信其母，非所以成教也。"遂烹彘也。

（三）译文

曾子的妻子上街去，他的儿子跟在后面哭着要去。曾子的妻子没有办法，对儿子说："你回去吧，我从街上回来了杀猪给你吃。"曾子的妻子刚从街上回来，曾子便准备把猪抓来杀了，他的妻子劝阻他说："我只是哄小

曾子像

曾子塑像

孩才子说要杀猪的，不过是玩笑罢了。"曾子说："小孩不可以哄他玩儿的。小孩子并不懂事，什么知识都需要从父母那里学来，需要父母的教导。现在你如果哄骗他，这就是教导小孩去哄骗他人。母亲哄骗小孩，小孩就不会相信他的母亲，这不是用来教育孩子成为正人君子的办法。"说完，曾子便杀了猪给孩子吃猪肉。

（四）经典点评

这里提及的就是父母言行的示范作用及意义，指出了儿童教育的严肃性。父母是孩子的第一任教师，也是其一生的教师，父母所说的话、所做的事都会潜移默化地影响孩子的发展。父母与子女朝夕相处，言行必然成为子女最直接的模仿对象，而且，这种模仿常常是非理性的，机械的，外在的，他们尚没有区分善恶的能力，父母的一言一行，一举一动，无论善恶都将成为子女模仿的对象。父母的思想、行为、品格，对孩子来说是一面镜子，其言行本身就是一种无声的教育，若能"正身率下"，就能为子女树立起榜样，起到上行下效的教育效果。作为家长，古人们认识到了要让子女成才首先要教育他们成人的道理，因此他们要从家庭教育这个人生第一堂课开始，从身边细微的小事入手来教育子女，这样的教育效果比跟孩子讲大道理要生动深刻得多。所以父母在教育子女的时候，要随时随地把身教和言传结合起来，以身作则，亲身示范，才能让孩子认可接受，这样才能给孩子提供一个良好的受教育环境，才能使孩子健康地成长。

曾子杀猪教子的故事还蕴含着"言出必行，诚实守信"的思想。家庭是人们接受道德教育最早的地方。高尚品德必须从小开始培养，从娃娃抓起。要在孩子懂事的时候，深入浅出地进行道德启蒙教育；要在孩子成

曾子杀猪教子塑像

曾子庙

长的过程中，循循善诱，做事明理，引导其分清是非，辨别善恶。家庭在培养孩子的过程中有着其他任何教育方式都难以代替的优势，家长要认识到这一点，要言出必行，以身作则。

二、蔡邕家训

蔡邕像

（一）作者简介

蔡邕（公元132—192年），字伯喈，陈留圉（今河南杞县）人，东汉文学家，书法家。汉献帝时曾拜左中郎将，故后人也称他"蔡中郎"。著有《蔡中郎集》。他是一位奇才，经史、音律、天文、辞赋、书法，无一不通，深厚的修养使其总结出一套因才、因性别而异而又重在心理的教育子女之法。

（二）原文摘录

心犹首面也，是以甚致饰焉。面一旦不修饰，则尘垢秽之；心一朝不思善，则邪恶入之。咸知饰其面，不修其心，惑矣！夫面之不饰，愚者谓之丑；心之不修，贤者谓之恶。

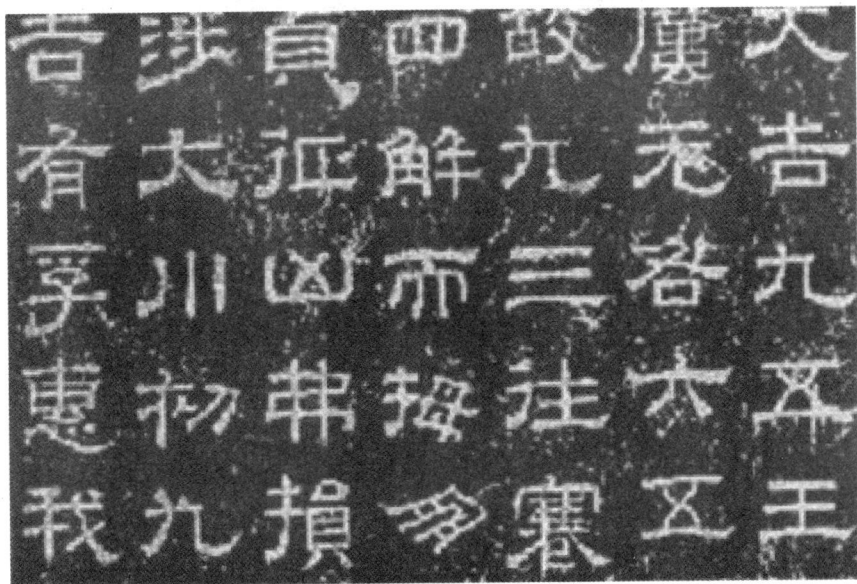

愚者谓之丑犹可，贤者谓之恶，将何容焉？故览照拭面，则思其心之洁也；傅脂，则思其心之和也；加粉，则思其心之鲜也；泽发，则思其心之润也；用栉，则思其心之理也；立髻，则思其心之正也；摄鬓，则思其心之整也。

（三）译文

心就像头和脸一样，需要认真修饰。脸一天不修饰，就会让尘垢弄脏；心一天不向善，就会窜入邪恶的念头。人们都知道修饰自己的面孔，却不知道修养自己的善心。脸面不修饰，愚人说他丑；心性不修炼，贤人说他恶。愚人说他丑还可以接受；贤人说他恶，他哪里还有容身之地呢？所以你照镜子的时候，就要想到心是否纯洁；抹香脂时，就要想想自己的心是否平和；搽粉时，就要考虑你的心是否鲜洁干净；润泽头发时，就要考虑你的心是否安顺；用梳子梳头发时，就要考虑你的心是否有条有理；挽髻时，就要想到心是否与髻一样端正；束鬓时，就要考虑你的心是否与鬓发一样整齐。

（四）经典点评

这是蔡邕写给女儿的一篇家训。在文中他抓住了女孩子爱美的心理特点向女儿进行教育。教诲女儿如何在日常生活中将外表美和心灵美有机地联系起来，引导女儿要认识到什么样才是真正的美！强调只有将美丽的外表和端庄的品行统一起来，才能成为德才兼备的人。

在我国现实生活当中，有些女性人生价值观错位，主张金钱至上，爱慕虚荣，养成了好逸恶劳的坏习惯，由此做出丧失人格尊严的事情，严重影响了社会风尚，增加了社会的不文明因素。父母要认识到这些不良影响，教育女孩要充分地认识到自己的社会价值，培养和加强其道德修养和独立意识，不

孔子像

孔子画像

要因为外界的诱惑而去追逐虚荣，要让其外表美和心灵美协调发展，只有这样才能使孩子健康地成长。

　　家长应当明白，家庭是孩子成长的摇篮，是儿童教育的第一环境，孩子就是从这里开始自己的人生航程的，而决定孩子航程方向的就是孩子的品德，所以，不仅要关心子女的学习成绩、身体健康，而且还要关心子女的思想品德，将子女如何做人摆在家庭教育的首位。家长应当教孩子学会关心、学会感激、学会爱人、学会体谅、学会宽容、学会处理生活中的各种事情和各种人际关系，学会自尊、自信、自强、自立，一句话就是要学会做人。

古代教学书籍

现在众多的心理学家都强调童年教育对孩子一生发展的重要作用，他们认为孩子童年期间所受到的父母耳濡目染的影响将完成孩子人格塑造工程的一半以上，并对孩子的终生都有影响。因此，从小就注意对孩子进行品德的教育，进行良好个性的熏陶将惠及孩子的一生。人作为万物之灵，离不开道德维系，生活本身就是受教育的过程。要把孩子教育成德才兼备的人，就必须坚持全面培养，德育为首的原则，因为德为人之本，才为人之基，德才兼备才能撑起一个"人"字。

三、颜氏家训

（一）作者简介

颜之推（公元513—约595年），单字介，原籍琅琊临沂（今山东临沂市）人。世居建康（今南京市），生于士族官僚家庭。他早传家业，12岁时听讲老庄之学，后转学《周礼》、《左传》。他博览群书，其文辞情并茂，得梁湘东王赏识，19岁就被任命为国左常侍，后投奔北齐，历二十年，累官至黄门侍郎。他历经数朝，阅历甚广。所著《颜氏家训》共二十篇，是颜之推为了用儒家思想教训子孙以保持自己家庭的传统和地位而写出的一部系统完整的家庭教育教科书。这是他一生关于立身、治家、处事、为学的经验总结，在

《颜氏家训》

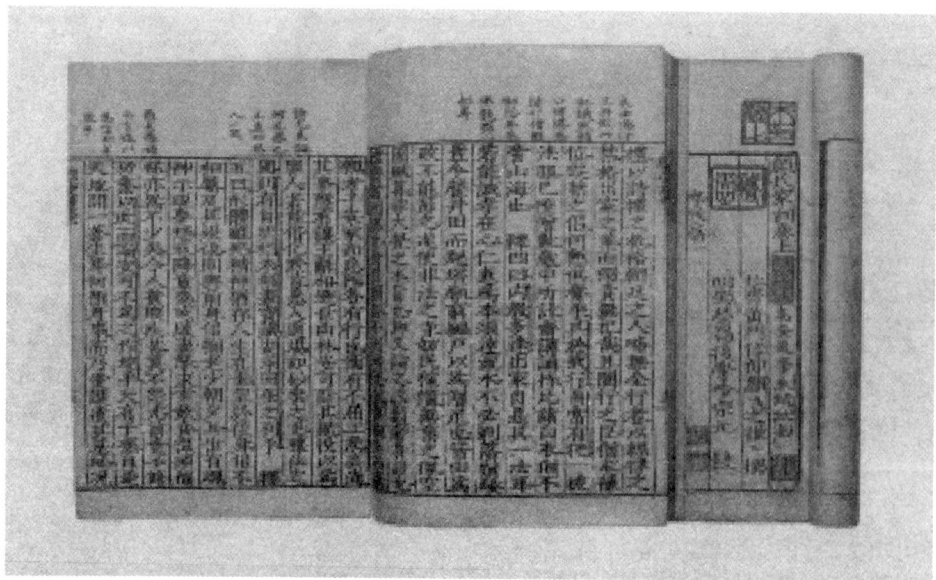

《颜氏家训》

家庭教育发展史上有着重要的影响。后世称此书为"家教规范"。

（二）原文

1. 古之学者为己，以补不足也；今之学者为人，但能说之也。古之学者为人，行道以利世也；今之学者为己，修身以求进也。夫学者犹种树也，春玩其华，秋登其实；讲论文章，春华也，修身立行，秋实也。

2. 古人欲知稼穑之艰难，斯盖贵谷务本之道也。夫食为民天，民非食不生矣，三日不粒，父子不能相存。耕种之，薅锄之。刈获之，载积之，打拂之，簸扬之，凡几涉手，而入仓廪，安可轻农业而贵末业哉？江南朝士，因晋中

国子监孔子文化展上陈列的古籍

兴，南渡江。卒为羁旅，至今八九世，未有力田，悉资俸禄而食耳。假令有者，皆信僮仆为之。未尝目观起一坡土，耘一株苗；不知几月当下，几月当收，安识世间余务乎？故治官则不了，营家则不办，皆悠闲之过也。

3. 吾见世间，无教而有爱，每不能然，饮食运为，恣其所欲，宜诫翻奖，应诃反笑，至有识知，谓法当尔。骄慢已习，方复制之，捶挞至死而无威，愤怒日隆而增怨，逮于成长，终为败德。孔子云："少成若天性，习惯如自然。"是也。俗谚曰："教妇初来，教儿婴孩。"诚哉斯语。

4. 凡人不能教子女者，亦非欲陷其罪恶，但重于诃怒。伤其颜色，不忍楚挞惨其肌肤耳。当以疾病为谕，安得不用汤药针艾救之哉？又宜思勤督训者，可愿苛虐于骨肉乎？诚不得已也。

5. 铭金人云："无多言，多言多败；无多事，多事多患。"至哉斯戒也！能走者夺其翼，善飞者减其指，有角者无上齿，丰后者无前足，盖天道不使物有兼焉也。古人云："多为少善，不如执一；鼯鼠五能，不成伎术。"近世有两人，朗悟士也，性多营综，略无成名，经不足以待问，史不足以讨论，文章无可传于集录，书迹未堪以留爱玩，卜筮射六得三，医药治十差五，音乐在数十人下，弓矢在千百人中，天文、画绘、棋博、鲜卑语、胡书、煎胡桃油、炼锡为银，如此之类，略得梗概，皆不通晓。惜乎！以彼神明，若省其异端，当精妙也。

6. 《礼》云："欲不可纵，志不可满。"宇宙可臻其极，情性不知其穷，惟在少欲知足，为立涯限尔。先祖靖侯诫子侄曰："汝家书生门户，世无富贵，自今仕宦不可过二千石，婚姻勿贪势家。"吾终身服膺，以为名言也。

7. 天地鬼神之道，皆恶满盈。谦虚冲损，可以免害。人生衣趣以覆寒露，食趣以塞饥乏耳。形骸之内，尚不得奢靡，己身之外，

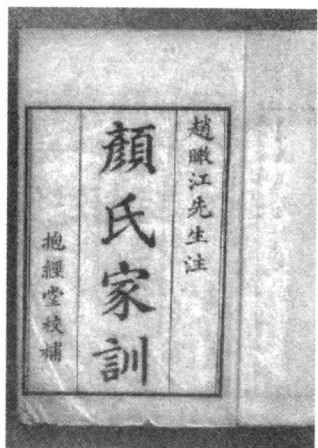

《颜氏家训》

颜之推塑像

而欲穷骄泰耶？周穆王、秦始皇、汉武帝，富有四海，贵为天子，不知纪极，犹自败累，况士庶乎？常以二十口家，奴婢盛多，不可出二十人，良田十顷，堂室才蔽风雨，车马仅代杖策，蓄财数万，以拟吉凶急速。不啬此者，以义散之；不至此者，如非道求之。

8. 夫生不可不惜，不可苟惜。涉险畏之途，干祸难之事，贪欲以伤生，谗慝而致死，此君子之所惜者。行诚孝而见贼，履仁义而得罪，丧身以全家，泯躯而济国，君子不咎也。自乱离已来，吾见名臣贤士，临难求生，终不为救，徒取窘辱，令人愤懑。

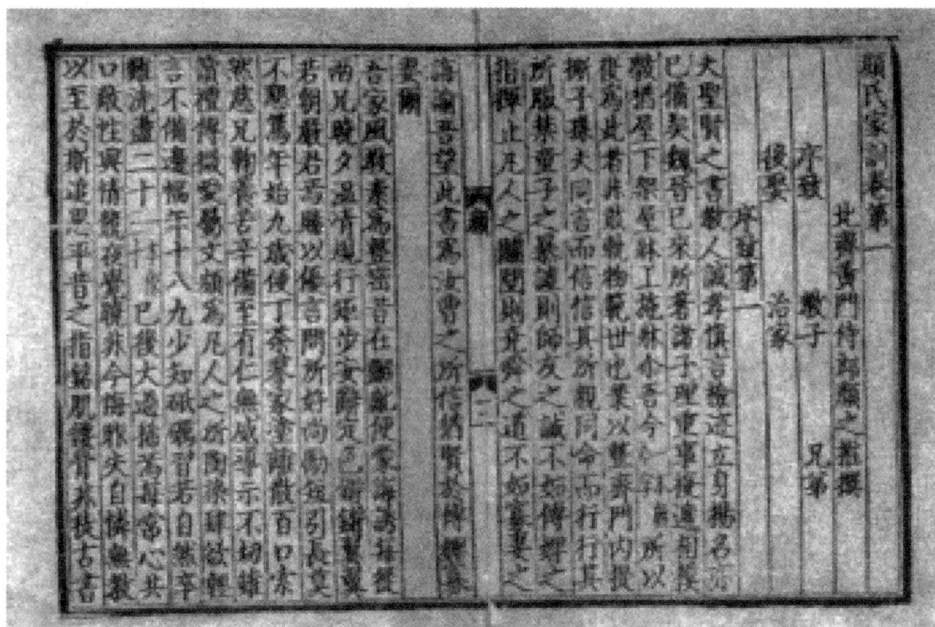

元刻本《颜氏家训》

9. 笞怒废于家，则竖子之过立见；刑罚不中，则民无所措手足。治家之宽猛，亦犹国焉。

10. 夫风化者，自上而行于下者也，自先而施于后者也。是以父不慈则子不孝，兄不友则弟不恭，夫不义则妇不顺矣。父慈而子逆，兄友而弟傲，夫义而妇陵，则天之凶民，乃刑戮之所摄，非训导之所移也。

（三）译文

1. 古代求学的人是为了充实自己弥补自身的不足；现在求学的人是为了在人前炫耀并夸夸其谈。古代求学的人是为了广利大众，

孔庙国子监大成殿

积极推行自己的主张来造福社会；今天求学的人是为了自己的利益，修身养性以求得一官半职。求学就如种树，春天可以玩赏它的花朵，秋天可以摘得它的果实；讲论文章，就恰似玩赏春花，修身立行，就好像摘取果实。

2. 古人希望人们知道务农的艰辛，这是为了使人珍惜粮食，重视农业劳动。民以食为天，没有食物，人们就无法生存，三天不吃饭的话，父子之间就没有力气相互问候。粮食的获得，要经过春种、锄草、收割、运载、脱粒、簸扬等多种工序，才能放进仓库，怎么可以轻视农业而重商业呢？江南朝廷里的

古代教育书籍

官员，随着晋朝的复兴，南渡过江，流落他乡，到现在也经历了八九代了。但都从未亲自下田耕作过，完全依赖朝廷的俸禄生活。即使有些人家有田地，也全由僮仆们耕种，从未目睹他们自己耕种一块土，种一株苗；不知何时播种，何时收获，又怎能懂得其他事务呢？因此，他们做官就不识政务，治家就不办产业，这都是养尊处优带来的危害。

3. 我见到世上那种对孩子不讲教育而只有溺爱的，常常不能苟同。要吃什么，要干什么，任意放纵孩子，不加管制，该训诫时反而夸奖，该训斥责骂时反而一笑了之，到孩子懂事时，就认为按道理本该如此。当子女骄横傲慢的习气已经养成时，才开始去制止，即使鞭打得再狠毒也树立不起威信，愤怒得再厉害也只会增加怨恨，直到其长大成人，最终成为品德败坏的人。孔子说："从小养成的就像天性，习惯了的也就成为自然。"讲的就是这个道理。俗语说："教媳妇要在初来时，教儿女要在婴孩儿时。"这话确实有道理。

4. 普通人不能教育好子女，也并非想要让子女去犯罪，只是不愿意使他因受责骂训斥而神色沮丧，不忍心使子女被荆条抽打受皮肉之苦罢了。这该用生病来作比喻，难道

孔子文化展上陈列的古籍

能不用汤药、针艾来救治就能好吗？还该想一想那些经常认真督促训诫子女的父母，难道他们愿意对亲骨肉刻薄凌虐吗？确实是不得已啊！

5. 春秋时期，在周朝太庙里有一个铜人，背上刻了这样一句话："不要多话，多话会多失败；不要多事，多事会多祸患。"这个训诫对极了啊！动物也是如此，会走的不让生翅膀，善飞的就没有脚趾，长了双角的口中没牙，后部发达的前肢退化，大概是天道不叫生物兼具这些东西吧！古人说："做得多而做好得少，还不如专心做好一件事；鼯鼠有五种本事，可没有一技能派上用场。"近代有两

《三字经》

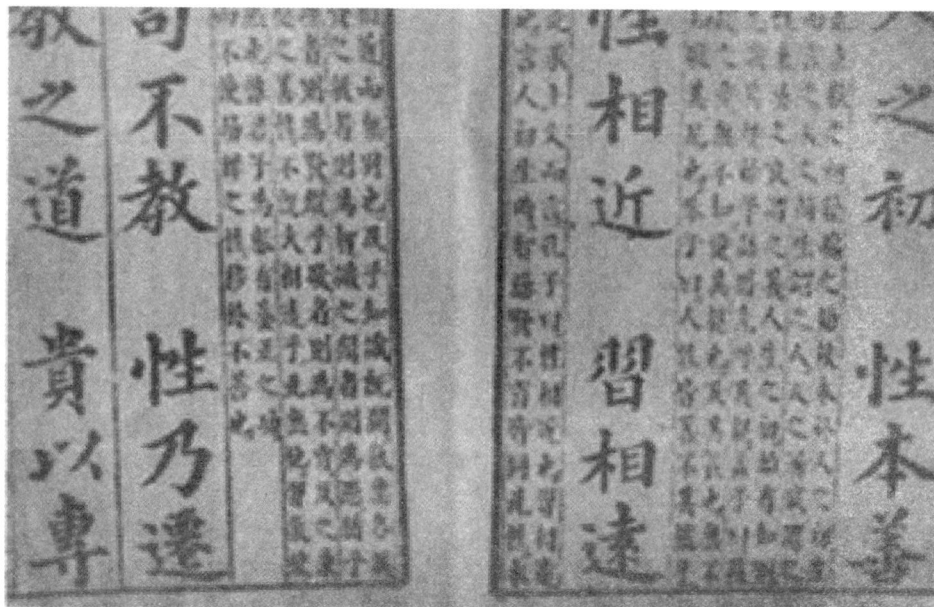

位，都是聪明人，喜欢多方经营，可没有一样成名，经学禁不起人家提问，史学够不上和人家讨论，文章不能入选集录流传，书法字迹不堪存留把玩，卜筮六次才有三次猜对，医治十人才有五人痊愈，音乐水平在几十人之下，弓箭技能在千百人之中，天文、绘画、鲜卑语、胡书、煎胡桃油、炼锡为银，诸如此类，只是懂个大概，都不精通熟练。可惜啊！凭这两位的天资悟性，如果不去弄那些异端，专心于一种技艺知识肯定能达到炉火纯青的水平。

6.《礼记》上说："欲不可以放纵，志不可以满盈。"宇宙还可到达边缘，情性则没有

《礼记》

《礼记》

个尽头。只有少欲知止，立个限度。先祖靖侯教诫子侄说："你家是书生门户，世代没有出现过大富大贵，从今做官不可超过二千石，婚姻不能贪图权势之家。"我衷心信服并牢记在心，认为这是名言。

7. 天地鬼神之道，都厌恶满盈，谦虚贬损，可以免害。人生穿衣服的目的是在于覆盖身体以免寒冷，吃东西的目的在于填饱肚子以免饥饿乏力而已。形体之内，尚且无从奢侈浪费，自身之外，还要极尽骄傲放肆吗？周穆王、秦始皇、汉武帝富有四海，贵为天子，不懂得适可而止，尚且因败坏受害，何况士庶呢？常认为二十口之家，奴婢最多不可超出二十人，有十顷良田，堂室才能遮挡风雨，车马仅以代替扶杖。积蓄上几万钱财，用来准备婚丧急用。已经不止这些，要合乎道理地散掉；还不到这些，也切勿用不正当的办法来求取。

8. 生命不能不珍惜，也不能苟且偷生。走上邪恶危险的道路，卷入祸难的事情，追求私欲的满足而伤及生命，进谗言，藏恶念而致死，君子应该珍惜生命，不应该做这些事；做忠孝的事而被害，做仁义的事而获罪，丧一身而保全家，捐躯而救国，在这些方面君子从不自责。自从梁朝乱离以来，我看到一些有名望的官吏和贤能的文士，面临危难，苟且求生，终于生既不能求得，还白白地遭致窘迫和侮辱，真叫人愤懑。

9.家庭内部如果取消体罚，孩子们的过失马上就会出现；刑罚用得不得当，那老百姓就无所措其手足。治家的宽仁和严格，也好比治国一样。

10.教育感化这件事，是从上向下推行的，是从先向后施行影响的。所以父不慈就会子不孝，兄不友爱就会弟不恭敬，夫不仁义就会妇不温顺了。至于父虽慈而子要叛逆，兄虽友爱而弟要傲慢，夫虽仁义而妇要欺侮，

清代刻本《礼记》

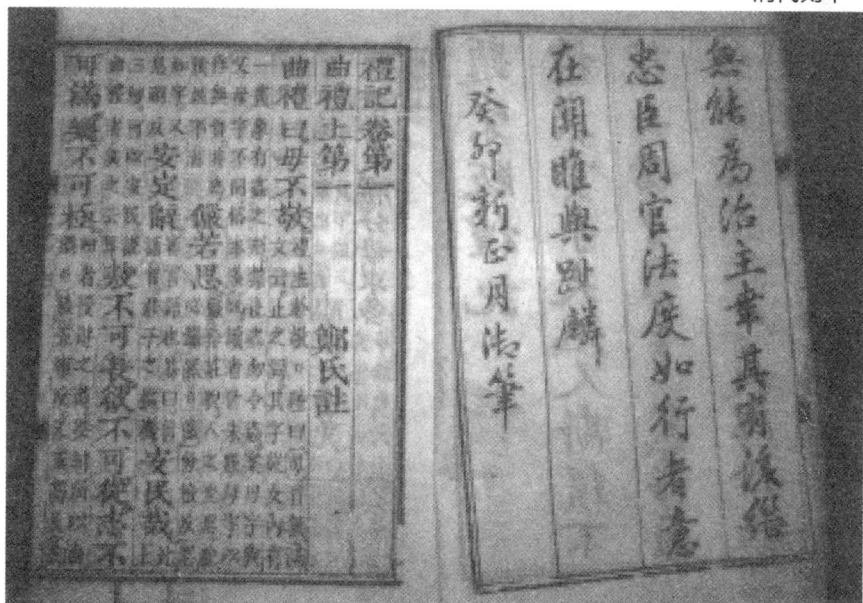

那就是天生的凶恶之人，要用刑罚杀戮来使他畏惧，而不是用训诲教导能改变的了。

（四）经典点评

这里谈到了学习目的以及学习志向的问题。父母应营造一个良好的家庭教育环境，需要给予孩子正确的价值导向和积极的学习取向，教育子女不要认为学习是为了炫耀、为了自己，而是要为了求知、为了国家。只有学习志向是正确的、积极的，这样的学习才是有意义，有价值的。然而，在现实家庭教育中，随着市场经济意识对家庭生活影响的不断加深，在人的主体意识生成的同时，

《论语》折扇

也诱发了个人主义、拜金主义、重利轻义的倾向，不少家长向子女灌输的是成名成家、发家致富等思想，对科学文化知识的教育十分重视，对爱国主义、社会主义、理想信念的教育则相对薄弱，而对国家的强盛、民族的复兴更是关注甚少，尤其是对政治的淡漠，直接导致了立志为民、献身为国等理想的缺失。长此下去，势必会养成一代没有民族责任意识、没有理想信念的子孙，这对于一个国家是十分危险的，这不能不说是当今家庭教育中值得反思的问题。

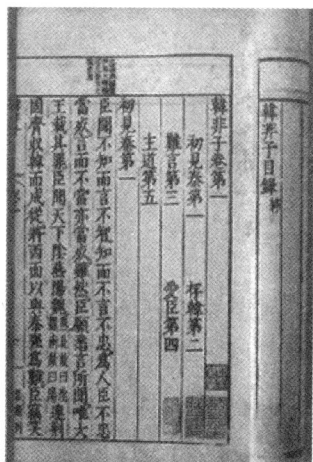

韩非子书籍

如何才是合理的教子方法，主要看是否能够把握好教育的分寸，只有把握好分寸，才能有利于孩子的进步成长。由于社会的进步和发展，我国的家庭结构发生了改变，由传统的一家多个子女到现今的一家一个子女。正因为孩子和家长之间天然的血缘亲情，使得教育者在进行教育的过程当中充满着深切的关爱和呵护之情，但是爱要有度，爱要科学。往往在孩子犯错误的时候，父母因为心疼孩子而不愿意打骂训诫的做法，就像得病而不医治一样，是无法教好孩子的。人们溺爱子女，常常认为他们还小，还不懂事，等长大再管，就像树长大已歪，再去整治就费力了，只有以礼严格约束、规范子女的行为，才能教育好子女，将来才不会后悔。

　　勤俭一直是我国的传统美德，是古人一向重视的道德教育内容。改革开放三十多年以来，人们的生活水平逐步得到了改善，物质生活和精神生活都有了很大的变化，时代不同了，条件不同了，许多家长片面认为，一家就这么一个孩子，何必那么艰苦节约，自己和自己过不去。还有的认为，自己过去已经吃了那么多苦，现在可不能让后代再吃苦受罪了。加之社会上一些贪图享乐的生活方式、消费倾向在不断地影响着人们，于是，父母放松或忽视了对孩子的勤俭教育，很多时候让孩子养成了浪费的毛病和攀比的心理，这些问题都是值得我们深思的。孩子是祖国未来的栋梁，国家的明天需要这些孩子去创造，作为父母应该从培养社会主义接班人的角度、国家未来发展的角度出发，大力提倡勤俭这一传统美德，从而使其发扬光大。

　　自立自强是人生之本、成功之基，是现代人必备的基本素质。具有自立自强意识的人才能学会生存，不断发展，才能尊重劳动，尊重他人，富于创造力，推动社会进步。在颜之推看来，学习一技之长是自立的前提和

《颜氏家训》原稿

《三字经》

根本，要具备一技之长则必须通过学习教育，俗话说"积财千万，不如薄技在身"。在教育子女的过程中，父母要培养孩子的自理习惯和独立精神，发现孩子的兴趣，尊重孩子的爱好，培养孩子的一技之长，要让孩子在社会当中学会生存。

中国素称"礼仪之邦"，在进行家庭教育的过程中把谦让也作为一个重要的道德教育内容。讲谦让，可以缓和矛盾，减少无谓的争端，这无论对家庭还是社会，都是一件好事。

百家姓

孔子行教图

其次，先检讨自己有无过失，一再反躬自省，这既提高了个人的修养，又可化干戈为玉帛。而谦让精神对于我们人与人和谐相处，对于构建和谐社会仍有着重要的借鉴意义。

四、司马光家训

（一）作者简介

司马光（1019—1086年），字君实，号迂叟。生于宋真宗天禧三年，卒于宋哲宗元祐元年。宋陕州夏县（今山西省夏县）人。司马光是北宋政治家、文学家、史学家，历仕仁宗、英宗、神宗、哲宗四朝。他主持编纂了中国历史上第一部编年体通史《资治通鉴》。其子司马康，品学俱佳，历任校书郎、右正言等职。

（二）原文摘录

1.《孝经》曰："夫孝，天之经也，地之义也，民之行也。天地之经，而民是则之。"又曰："不爱其亲而爱他人者，谓之悖德；

司马光祠

不敬其亲而敬他人者，谓之悖礼。以顺则逆，民无则焉。不在于善，而皆在于凶德。虽得之，君子不贵也。"又曰："五刑之属三千，而罪莫大于不孝。"孟子曰："不孝有五：惰其四肢，不顾父母之养，一不孝也；博弈好饮酒，不顾父母之养，二不孝也；好货财，私妻子，不顾父母之养，三不孝也；从耳目之欲，以为父母戮，四不孝也；好勇斗狠，以危父母，五不孝也。"夫为人子而事亲或亏，虽有他善，累百不能掩也，可不慎乎！

2. 孔子曰："今之孝者，是谓能养。至于犬马，皆能有养。不敬，何以别乎？"《礼》：子事父母，鸡初鸣，咸盥漱，盛容饰以适父

"司马光砸缸"象牙雕刻作品

司马光墓

母之所。父母之衣衾、簟席、枕几不传，杖、履祗敬之，勿敢近。敦牟、卮，非馂莫敢用。在父母之所，有命之，应唯敬对，进退周旋慎齐。升降、出入揖逊。不敢哕噫、嚏、咳、欠、伸、跛、倚、睇视，不敢唾洟。寒不敢袭，痒不敢搔。不有敬事，不敢袒裼。不涉不撅。为人子者，出必告，反必面。所游必有常，所习必有业，恒言不称老。

3. 曾子曰："身也者，父母之遗体也。行父母之遗体，敢不敬乎？居处不庄，非孝也；事君不忠，非孝也；莅官不敬，非孝也；朋友不信，非孝也；战阵无勇，非孝也。五者不遂，灾及其亲，敢不敬乎？亨熟膻芗，尝

司马光祠前司马光塑像

司马光祠堂

而荐之，非孝也。君子之所谓孝也，国人称愿，然曰：“幸哉，有子如此！所谓孝也已。”为人子能如是，可谓之孝有终矣。

4. 齐攻鲁，至其郊，望见野妇人抱一儿、携一儿而行。军且及之，弃其所抱，抱其所携而走于山。儿随而啼，妇人疾行不顾。齐将问儿曰：“走者尔母耶？”曰：“是也。”“母所抱者谁也？”曰：“不知也。”齐将乃追之。军士引弓将射之，曰：“止！不止，吾将射尔。”妇人乃还。齐将问之曰：“所抱者谁也？所弃者谁也？”妇人对曰：“所抱者，妾兄之子也；弃者，妾之子也。见军之至，将及于追，力不能两护，故弃妾之子。”齐将曰：“子之于母，

司马光祠一景

其亲爱也，痛甚于心，令释之而反抱兄之子，何也？"妇人曰："己之子，私爱也。兄之子，公义也。夫背公义而向私爱，亡兄子而存妾子，幸而得免，则鲁君不吾畜，大夫不吾养，庶民国人不吾与也。夫如是，则胁肩无所容，而累足无所履也。子虽痛乎，独谓义何？故忍弃子而行义。不能无义而视鲁国。"于是齐将案兵而止，使人言于齐君曰："鲁未可伐。乃至于境，山泽之妇人耳，犹知持节行义，不以私害公，而况于朝臣士大夫乎？请还。"齐君许之。鲁君闻之，赐束帛百端，号曰"义姑姊"。

（三）译文

1.《孝经》说："孝顺，就像天上日月运行一样是永恒的规律，也像地上万物生长一样是不变的法则，更是天下民众的行为准则。天地间的规律，万民都要遵循。"又说："不喜爱自己的亲人却去喜爱他人，这叫作违背道德；不敬重自己的父母却敬重别人，这是违反礼法。君王训导万民要尊敬爱戴父母，而有的人却违背道德和礼法，这种人即使能得志，君子也不以此为贵。"又说："五种刑罚的罪状包括三千条，而其中罪恶最大的就是不孝。"孟子说："不孝顺有五种情状：好逸恶劳，不顾父母的养育之恩，这是第一种不孝；沉湎于赌博和酗酒，不顾父母的养育之恩，这是第二种不孝；贪图钱财，只顾自己的妻子儿女，却不顾父母的养育之恩，这是第三种不孝；寻欢作乐，给父母带来耻辱，这是第四种不孝；喜欢打架斗殴而危及父母，这是第五种不孝。"作为人子，在侍奉父母方面如果做得不够，即便长处优点再多，也不能掩盖他的罪过。所以为人子女能不小心谨慎吗？

2. 孔子说："如今的所谓孝子，仅仅称得上是能够赡养父母。但是狗和马等动物，不

司马光祠一景

也被养育着吗？如果赡养父母不表现出恭敬来，那么这与养狗养马又有什么区别呢？"

《礼记》说：子女侍奉父母，在鸡刚叫的时候就要起床洗漱，穿戴整齐去拜见父母。父母所用的衣被、炕席、枕头等，不能去随便移动，即便是对父母的拐杖和鞋子，也要恭恭敬敬，不能随便靠近。父母使用的食器、酒具，在父母用完之后，才能使用。在父母的居所，如果父母有所吩咐，应答都要唯唯诺诺、恭恭敬敬。进退周旋要谨慎而庄重，举止行动要有礼而谦逊，不能放肆地打嗝儿、打喷嚏、咳嗽、打哈欠、伸懒腰、跛行、斜靠、斜眼看人看物，也不能随便吐唾沫、擤鼻涕。

即便是冷，也不能在衣服外边再套衣服；即便是痒，也不能去挠。如果不是受父母之命，不敢随便脱去外边的衣服。自己身上的衣服要穿戴整齐，不要拖来拖去，或随便撩起来。为人之子，出门必须向父母告辞，回家必须向父母问安。出游必须有规矩，学习必须有所立业，说话不能摆资格。

3. 曾子说："身体，是父母所给的。对于父母留给的身体，子女敢不恭敬对待吗？所以子女居家处事不庄重，就是不孝顺；侍奉君主不忠诚，就是不孝顺；做官不奉公守法就是不孝顺；交友而不讲信用就是不孝顺；在战场上不勇敢就是不孝顺。不具备以上五

《论语郑氏注》

司马光隶书《王尚恭墓志》

种孝顺，灾祸将殃及父母，能不恭敬从事吗？烹熟牛羊肉，尝过之后献给父母，这算不上孝顺。君子所说的孝顺，指的是国人对父母称赞说："幸福啊，你有这样的子女！这才是所说的孝顺。"作为子女，能够做到这些，就可以称得上是为孝而能尽善尽美，善始善终。

4.齐国的军队攻打鲁国，到了鲁国的郊外，望见原野上有个妇女怀里抱着一个小孩，手里拉着一个小孩赶路。军队快追上去的时候，那妇女放下怀里抱着的孩子，抱起手里牵着的小孩儿逃到山里。那个被放下的小孩在后边啼哭，可妇女依然飞快地行走，并不理会。齐军将领问那个哭泣的小孩儿："逃跑的妇女是你的母亲吗？"小孩儿回答说："是的。""你

孔子说教场面

母亲抱的小孩儿是谁？""不知道。"齐军将领就去追那个妇女，士兵引弓搭箭准备射她，并喊道："站住！不站住，就射死你。"妇女只好回转身来。齐国的将领问她："你抱的小孩儿是谁？丢下的那个小孩儿是谁？"妇女回答说："怀里抱的，是我哥哥的儿子；丢下的，是我自己的儿子。看见军队快要追赶上来，我无力同时保护两个孩子，就舍弃了我自己的儿子。"齐国的将领说："儿子对于母亲来说，那是最疼爱不过的，你现在却丢弃亲儿子，反抱着哥哥的孩子跑，这是为什么？"妇人说：

"疼爱自己的孩子，那是一种个人感情；救兄长的孩子，那是一种公共道德。如果我违背公共道德而偏私个人感情，丢弃兄长的孩子而救我自己的孩子，就算是幸免于难，鲁国的国君也会因此不愿再要我这样的臣民，鲁国的大夫也不愿再去养我，国内的一般百姓也难以与我为伍。果真这样的话，我以后根本没有容身之所，也没有迈步之地。这样说来，虽然很心疼儿子，但道义上怎么办呢？所以我忍心丢下儿子来保全道义。不能让人认为鲁国没有道义。"听了这个妇人的话，齐国的将领竟按兵不动，他派人报告齐国的国君说："现在不能征伐鲁国。我们来到鲁境，连一个

《孝经》白话石刻

犍为文庙"孝"字石刻

山野妇人都懂得守节操行道义，不以私害公，更何况是他们的朝臣和士大夫呢？所以我们请求退兵。"齐国的国君同意了这个意见。后来，鲁国的国君听说了这件事，赐给这个妇女束帛百端（端，古代布帛长度名），并给了她一个"义姑姊"的称号。

（四）经典点评

孝是民族团结、兴旺的精神基础，是中华民族凝聚力的核心。

中国自古是礼仪道德之邦，强调做人要以道德为上，而孝敬父母是最淳朴、最基本的一种品德。传统的，就是根本的；民族的，才是世界的。因孝而产生的个人行为和社会功效，是千百年来维系中华文明绵延不断、长盛不衰的内在的根本原因之一，它已经成为我们民族的道德基因。在中国人看来，孝是一切美德的基本，一个人对生养自己的父母都不爱，怎么有可能去真诚地爱他人呢？

司马光在《家范》中对子孙辈的首要要求是孝。他指出子孙不孝有五种表现："惰其四肢，不顾父母之养"，"博奕好饮酒，不顾父母之养"，"好货财私妻子，不

犍为文庙"忠"字石刻

顾父母之养","从耳目之欲，以为父母戮"，
"好勇斗狠以危父母"这"五不孝"虽是针对
子孙对待父母而言，但若是放在社会上，这
些懒惰、酗酒、赌博、贪财、自私、放纵耳
目之欲、好勇斗狠等行为，也实属干扰社会、
败坏道德之劣行。如果人人都摒弃这些劣行，
那他不但是家庭中的孝子，也是社会上的良
民。司马光还认为，子孙孝父母，首先要做
到敬。他引用孔子的话说："今之孝者，是谓
能养。至于犬马，皆能有养，不敬何以别乎？"
仅仅赡养父母，这是连动物都做得到的，重

要的在于敬重，"冬温夏清，晨昏定省"，照顾周全，听从父母的教诲，注意自己的名声，在精神上给父母以安慰。

现代社会生活节奏加快，社会流动性增强，也影响了人们对于"孝"的认识。很多人都在承受事业和家庭的双重重担，在巨大压力面前，更多的人选择了将事业放在首位，家庭意识淡化。因此，传统的"父母在，不远游"的行孝方式在当今也发生了根本性的改变。人们对于"孝"的认识仅仅停留在经济上的赡养，不去关心生活上的照料和精神上的慰藉问题。提倡孝道，倡导孝敬父母，是培养

国子监孔子塑像

人道意识的起点。我们每一个人首先要从爱自己的双亲做起，然后推己及人，逐步做到爱天下的父母，爱天下的人。试想一个人连自己的父母都不爱，怎么可能爱天下的父母呢？我们在道德教育上，教导人们爱祖国，爱人民是对的，但不从爱父母讲起，这种爱的教导会显得空乏无力而又缺乏根基。我们要依据人们实际道德水平的不同层次，提出不同的要求，采取相应的办法，爱父母对幼儿、青少年来说是道德教育的起点，对于那些冷漠、粗野、愚昧、自私，连父母都不爱的人，也应首先进行爱父母的启蒙教育，激发他们

国子监辟雍

的道德情感，唤起良心，促使他们迷途知返。

赡养父母、孝敬父母是每个做子女的道德责任和义务，是人伦的基础。随着老人数量的增加，人口老龄化社会的到来，老人赡养问题日益严重。不尊敬老人，不愿赡养父母的事时有发生。有的人看到自己的父母年老多病，就以种种理由拒绝赡养；有的人宁愿花十万元买一条狗养着，也不愿缴纳几百元赡养老人的费用；甚至有的人为摆脱"包袱"，虐待、遗弃老人。这种违反人伦道德的行为严重败坏了社会风气，背离了社会主义

书童嬉闹画

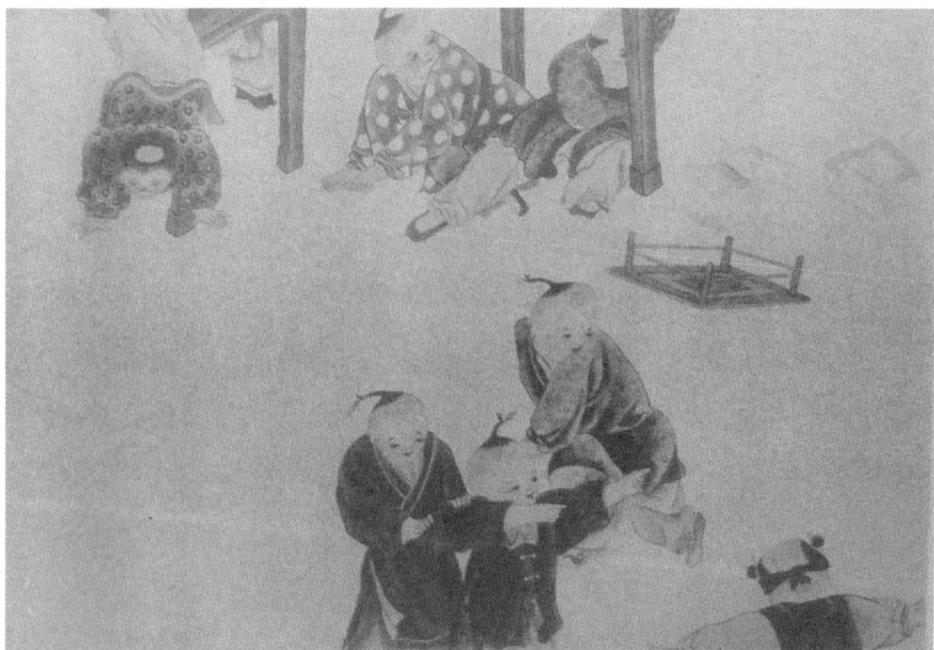

《孔子圣迹图》

的敬老原则和中华民族的传统美德，必须给予谴责、制止、处罚。提倡孝道，倡导孝敬父母，是当今社会生活所必要的，也是符合中国国情的。我们要使老人"老有所养、老有所医、老有所学、老有所乐"，从而让老人得到精神上和物质上的双重慰藉。

提倡孝道，倡导孝敬父母，有利于稳定社会秩序，发展社会经济和文化。试想，一个人在家里不孝敬父母，没有体验到孝敬父母的快乐，在社会上能够尊重人、帮助人吗？因此，爱父母、敬老人是道德教育的起点，

孔子塑像

也是道德修养的起点，它既能展现出一个人的道德品质，又能反映出一个社会的道德风貌。如果我们在道德教育中以"孝"为先，提倡孝道，由尊敬父母进而推广到全社会的尊老爱幼，整个民族的文明素质提高了，社会风气就会大大改观，社会环境就会安定祥和，社会主义的精神文明和市场经济就必然能得到进一步地繁荣发展。

父母含辛茹苦把子女拉扯大，付出了许多心血，子女必然产生一种回报心理，这就是"孝"的精髓，进而扩展到对师长的回报之心，对社会的回报之心。因为在人生道路上，人们的所得、有许多源于别人的施舍，大自然所赐，因而要有一种感恩之心，即对天地的敬畏之心，对民族、国家、事业的忠诚之心，对朋友的关爱之心，对社会、自然的爱护之心。有感恩之心，才会做恭敬之人，才会用心，才会诚信。总而言之，德是从感恩培养出来的，所以说百善孝为先。

花有开有谢，树有荣有枯，人有老有少，这是自然规律，谁也抗拒不了。谁都有年老的那一天，作为父母要以身作则，对老人要多加关爱，其实关爱老人就是关爱自己，对父母不孝等于对自己不敬。今天你孝敬父母，明天儿女孝敬你，周而复始。因此，孝敬和赡养老人是一种社会责任，是一种社会文明，也是奠定和谐社会的基础。如果父母给孩子作出了榜样，那么孩子将来也会孝敬父母。

2008 年 5 月 12 日，四川汶川等地发生了大地震，在抗震救灾的过程中有许多感人至深的救人故事，有的人舍弃了自己的孩子却把别人的孩子从将要塌陷的房屋里救了出来，这种精神让我们钦佩。从历史上看，中华民族之所以历万劫而不倒，经万难而不屈，危而复安，弱而复强，衰而复起，仆而复振，生生不息，永不沉沦，至今昂然屹立于世界

"节"字工艺品

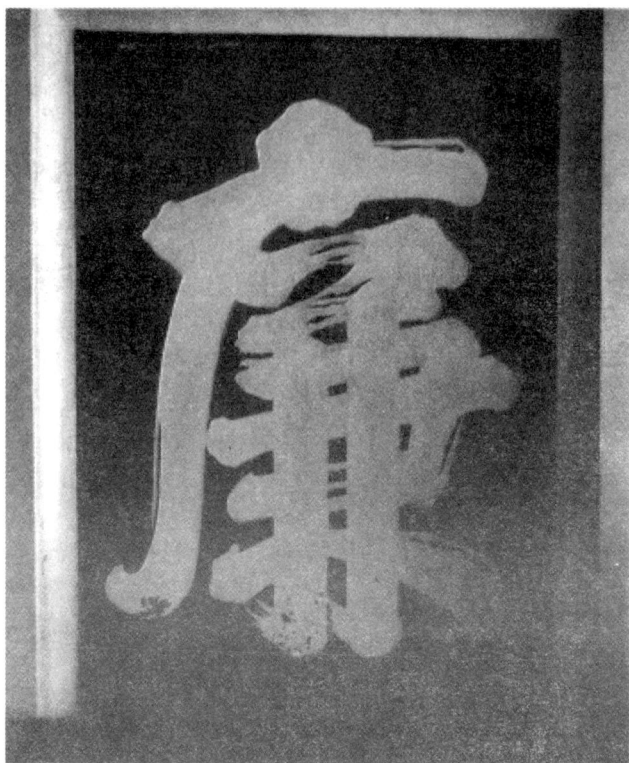

"廉"字工艺品

民族之林，就是因为有一代又一代英雄们用铮铮铁骨将正义、真理、气节和浩然正气世世相承、代代相传，维系了民族的生存和发展。这些崇高气节、砥砺前行的优良传统，培育了中国优秀知识分子和广大人民的正义感、是非观，形成了民族的浩然正气，中国五千年文明从未中断，就是凭借着这些浩然正气。作为家长应该把这些精神教授给子女，让这些传统美德继续传承下去。

五、陆游家训

（一）作者简介

陆游（公元 1125—1210 年），南宋诗人，字务观，号放翁，越州山阴（今浙江绍兴）人，他始终坚持抗金，在仕途上不断受到当权派的排斥打击。陆游是我国杰出的爱国诗人，在他一生所做的九千多首诗中，始终贯穿和洋溢着强烈的爱国主义精神，其作品在思想上、艺术上取得了卓越成就，生前即有"小李白"之称，不仅成为南宋一代诗坛领袖，而且在中国文学史上享有崇高地位。

（二）原文摘录

1. 昔唐之亡也，天下分裂，钱氏崛起吴越之间，徒隶乘时，冠履易位。吾家在唐为

陆游塑像

辅相者六人，廉直忠孝，世载令闻。念后世不可事伪国，苟富贵，以辱先人，始弃官不仕，东徙渡江，夷于编氓。孝悌行于家，忠信著于里，家法凛然，久而弗改。宋兴，海内一统。祥符中，天子东封泰山，于是陆氏乃与时俱兴。百余年间，文儒继出，有公有卿，子孙宦学相承，复为宋世家，亦可谓盛矣！

天下之事，常成于困约，而败于奢靡。游童子时，先君谆谆为言，太傅出入朝廷四十余年，终身未尝为越产，家人有少变其旧者，辄不怿。其夫人棺材漆。四会婚姻，不求大家显人。晚归鲁墟，旧庐一椽不加也。

游生晚，所闻已略，然少于游者，又将不

沈园内景

闻。而旧俗方已大坏，厌藜藿、慕膏粱，往往更以上世之事为讳。使不闻，此风放而不还，且有陷入危辱之地，沦为市井降于皂隶者矣！复思往时父子兄弟相似，居于鲁墟，葬于九里，安乐耕桑之业，终身无愧悔可得耶！呜呼！仕而至公卿，命也；退而为农，亦命也！若夫挠节以求贵，市道以营利，吾家之所深耻，四孙戒之！尚无坠厥初。

吾承先人遗业，家本不至甚乏，亦可为中人之产，仕宦虽龃龉，亦不全在人后。恒素不闲生事，又赋分薄，俸禄入门，旋即耗散。今已悬车，目前萧然，意甚安之，他人或不谅，汝辈固不可欺也。

2. 后生才锐者，最易坏，若有之，父兄当以（之）为忧，不可以（之）为喜也。切须常加简束，令熟读经学，训以宽厚恭谨，勿令与浮躁薄者游处。自此十许年，志趣自成。不然，其可虑之事，盖非一端。吾此言，后生之药石也，各须谨之，毋殆后悔。

3. 死去元知万事空，但悲不见九州同。王师北定中原日，家祭无忘告乃翁。

（三）译文

1. 从前，唐朝灭亡以后，天下四分五裂，吴越王钱镠崛起于两浙一带。布衣奴仆乘机纷纷起事，世上的尊卑贵贱发生了变化。我们陆家在唐朝做过宰相的有六人，个个廉洁正直，忠诚孝顺，世代盛传美名。后来不愿贪图富贵屈膝侍奉伪朝，恐有辱先人，于是开始弃官不做，举家南迁渡过长江，从此沦为一般平民百姓。尽管如此，孝敬父母，友爱兄弟的家风却从未丢弃，且仍以忠诚、守信著称乡里，家法很严，这种状况一直不曾改变。宋朝建立，天下一统，祥符年间，真宗皇帝封禅于泰山，就在此时，陆氏家族又开始兴旺起来。此后百余年间，文豪名儒相

绍兴沈园"钗头凤"

继出现，或位列三公，或官拜九卿，子孙也都致力于仕途或潜心于治学，代代相承，从此，又成为宋朝世族大家，可以说是昌盛无比了。

天下之事，常常是在贫困勤俭中成功，而在奢侈腐化中失败。我很小时，父亲曾严肃地对我讲起先祖在朝中为太子太傅四十余年，终身未曾积累更多的财产，家里人在生活上稍稍要改变一下，他就很不高兴。他的夫人去世时棺木仅上了一道漆，他四次结婚，都没有追求大家显贵之人。晚年回到鲁墟老家，还住原来的旧房子，一根椽子也没有再增加。

我出生较晚，听到的事情很简略，但是比我更小的，恐怕更听不到什么了。原来好

沈园"钗头凤"

的风俗现在已经变坏，讨厌粗茶淡饭，羡慕美味佳肴，且常常讳言前代祖先的事。不知祖先的事，又不能恢复旧日风俗，就有可能招来危险和羞辱，以至沦为市井小民，或降身为奴仆！回想从前祖先们父子兄弟一起住在鲁墟，死后安葬在九里，安心于农耕植桑，真是一辈子也不感到惭愧后悔啊！做官位至公卿，或隐退为农民，都是命，那种屈节折腰以求高官显位，见利忘义的做法，我们陆家深以为耻，子子孙孙当引以为诫，希望不要损害陆家的名声。

我继承了先人的遗产，家境本来不算贫困，也算得上是中等人家的产业吧，官场上尽管不很顺利，但也没有落在别人后面，平生不善于持家理财，土地税收又很少，官俸一到手，马上就用完了。现在我已70岁了，退休在家，生活虽然清贫，但心中却很安然。别人也许对此不理解，但却没必要欺骗你们。

2. 后辈中锋芒毕露的人最容易变坏，倘若有这样的人，做父兄的应当引以为忧，而不可以高兴。一定要经常认真地严加管教，令他们熟读儒家经典和诸子百家，训导他们做人必须宽容、厚道、恭敬、谨慎，不要让他们与游手好闲的人来往和相处。这样经过十多年，志向和情趣自然养成。要不然，让人忧烦的事情决非一件。这些话，是年轻人治病的药和石针，都应当谨慎对待，不要留下遗憾。

3. 我本来知道人死了就什么也没有了，只是因为没有亲眼看到祖国的统一而感到悲伤。官军收复北方领土的那一天，在家里祭祀祖先的时候，千万不要忘记（把这件事情）告诉你们的父亲。

绍兴沈园"钗头凤"碑

（四）经典点评

"由俭入奢易，由奢入俭难"，这个道理人们都有感触。勤俭是古人留给我们的一笔

沈园内景

财富，骄奢习气是绝对要不得的。中华民族具有勤劳质朴的传统，在这些家训中先人们再三叮嘱子孙要勤俭持家，切勿奢侈浪费，"俭，德之共也；奢，恶之大也。"这种崇尚勤俭节约，反对奢侈浪费的思想，是我们中华民族的传统美德，也是我国古代家训文化中的一大精华，对于我们现在的社会仍不失

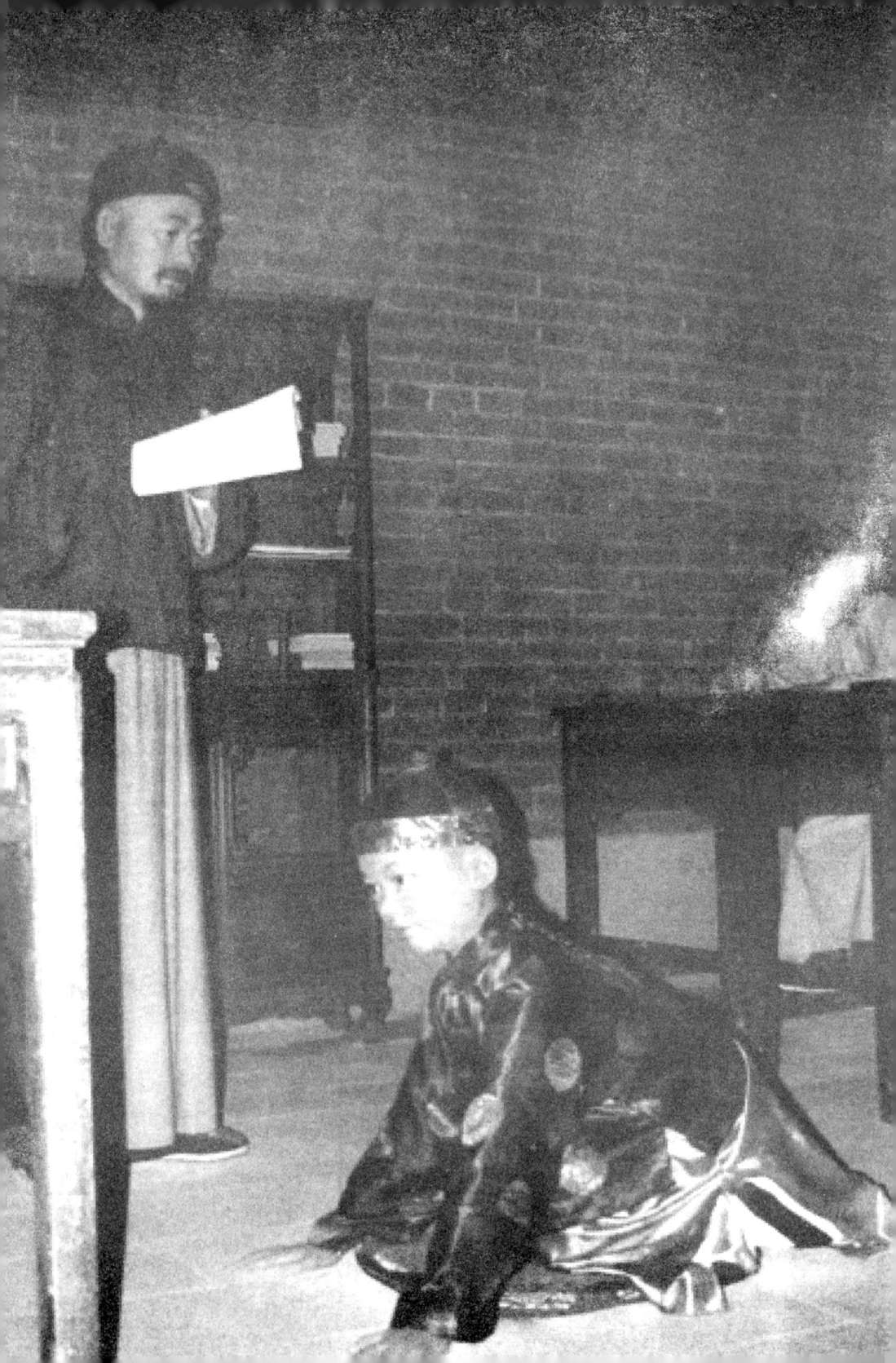

其借鉴意义。勤以防堕，俭以养廉。勤俭是一个人成长中最重要的品德要求。一个人如能处处节约，则必事事能约束自己，不会肆意妄为，即使走上仕途，供职于他乡也定能保持廉洁。相反，在家若奢侈，则为官也必定会走向腐败。所以勤俭品德的培养，必须从小开始，从衣食住行等家庭日常生活入手。"谁知盘中餐，粒粒皆辛苦"不就是一代传了一代吗？"成由勤俭败由奢"的谚语讲的就是这个道理，作为父母要教育孩子认识到勤俭的重要性，要引导孩子节俭，这样才能避免攀比之风，不至于使人沉迷于享受，不思进取。

洛阳孔子问礼碑

现代家庭教育中存在着很多问题，有些家长忽视对孩子远大志向的培养，诱导孩子追名逐利；还有些家长单纯注重智力开发，轻视德育，这些都是值得家长去反思的。当孩子取得了一定的成绩以后要告诫子女不要沾沾自喜，不可骄傲自满。父母要训导孩子做人、做学问要谦虚、厚道、谨慎、认真，还要让孩子和志向远大的孩子相处，不要和游手好闲的人在一起。"染于苍则苍，染于黄则黄。所入者变，其色亦变"，环境对于一个人成长的影响是巨大的，父母要给孩子提供

字刻国学石碑

一个良好的环境，这对孩子未来的成长和发展是有一定帮助的。

爱国，是历代文人志士笔下永恒的题材。文人充满情感的笔下，有不少脍炙人口的名句。陆游的气壮山河的绝笔诗，集中体现了诗人的爱国精神、恢复中原的壮志，表达了诗人对正义之师必将胜利的信心，寄托着诗人在临终前无限的希望。

热爱祖国不仅是首要的、最基本的道德要求，同时也是每个中华儿女对祖国深厚感情的集中体现。爱国主义是我们中华民族几千年来凝结起来、积淀起来的对祖国最纯洁、最高尚、最神圣的感情，是各民族人民共同的精神支柱，是民族、国家自强不息的强大凝聚力和生命力的根本体现。爱国是一种奉献，只要祖国需要，就把自己的一切无条件、无保留地奉献出来；爱国是一种尊严，在对祖国的热爱中产生的是勇敢、智慧、忠诚；爱国是一种信念，不论祖国是贫弱还是富强，我们都深深地爱她。祖国的兴衰荣辱永远和我们的命运连在一起，作为家长要教育子女要有崇高的理想和高尚的爱国主义精神，让孩子从小就懂得爱自己的祖国，父母要担负起这一责任。

六、朱熹家训

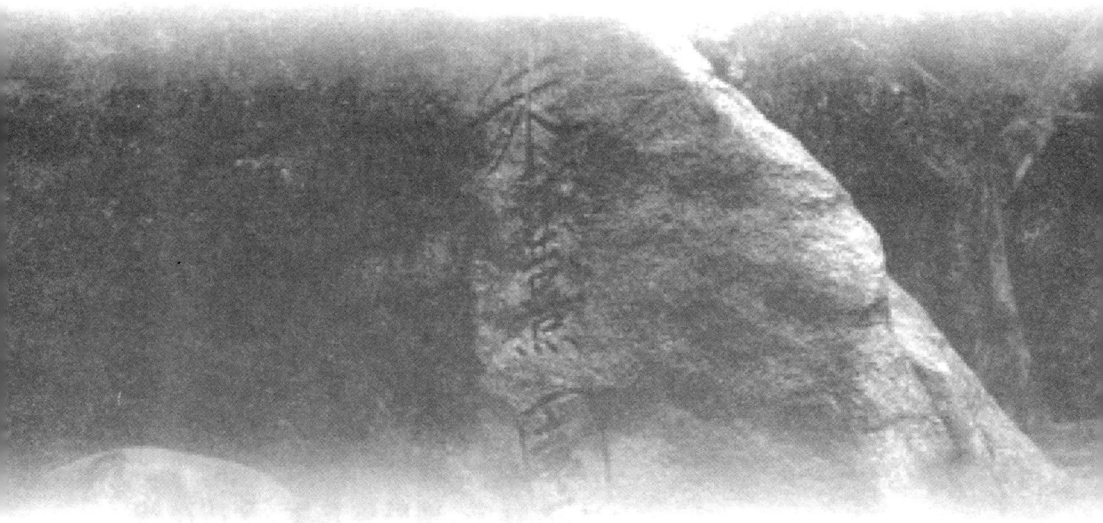

朱熹塑像

（一）作者简介

朱熹（公元1130—1200年），字元晦，后改仲晦，号晦庵，别号紫阳，祖籍徽州婺源（今属江西省）人。我国南宋时期著名理学家，思想家，哲学家，诗人。19岁时，以建阳籍参加乡试，贡试，荣登进士榜。历仕高宗、孝宗、光宗、宁宗四朝。为学以居敬、穷理为主，集宋代理学之大成。主要著作有《四书章句集注》等。

（二）原文摘录

1. 凡读书，须整顿几案，令洁净端正。将书册整齐顿放，正身体，对书册详缓，看字仔细分明。读之，须要读得字字响亮，不可误一字，不可少一字，不可多一字，不可倒一字，不可牵强暗记，只是要多诵遍数，自然上口，久远不忘。古人云："读书千遍，其义自见。"谓读得熟，则不待解说，自晓其义也。余尝谓读书有三到，谓心到、眼到、口到。心不在此，则眼不看仔细，心眼既不专一，却只漫浪诵读，绝不能记。记亦不能久也。三到之中，心到最急，心既到矣，眼口岂不到乎？

2. 君之所贵者，仁也。臣之所贵者，忠也。父之所贵者，慈也。子之所贵者，孝也。兄之所贵者，友也。弟之所贵者，恭也。夫之所贵者，和也。妇之所贵者，柔也。事师长贵乎礼

朱熹讲学塑像

朱熹园石刻

也，交朋友贵乎信也。见老者，敬之；见幼者，爱之。有德者，年虽下于我，我必尊之；不肖者，年虽高于我，我必远之。慎勿谈人之短，切莫矜己之长。仇者以义解之，怨者以直报之，随所遇而安之。人有小过，含容而忍之；人有大过，以理而谕之。勿以善小而不为，勿以恶小而为之。人有恶，则掩之；人有善，则扬之。处世无私仇，治家无私法。勿损人而利己，勿妒贤而嫉能。勿称忿而报横逆，勿非礼而害物命。见不义之财勿取，遇合理之事则从。诗书不可不读，礼义不可不知。子孙不可不教，童仆不可不恤。斯文不可不敬，患难不可不扶。守我之分者，礼也；听我之命者，天也。人能如是，天必相之。

（三）译文

1.凡读书时，必须整理几案，将其擦拭干净，摆放端正。将书册整齐摆放，端正身体，正对书册详观，字要看分明。读书时，定要字字读得响亮，不可误一字，不可少一字，不可多一字，不可倒一字，不可勉强背诵，只要一遍遍地多读，自然能熟练，长期不忘。古人说："读书千遍，其义自见。"意思是书读得熟了，无须老师讲解，也能自晓其义。

我曾经说过读书有三到：心到、眼到、口到。心如不到，眼就会看不仔细。心、眼都不专一，却在那里高一声低一声地诵读，决然不会记住，记也不会记长久。三到之中，心到最重要，心既然到了，眼、口岂有不到之理？

2. 当国君所珍贵的是"仁"，爱护人民。当人臣所珍贵的是"忠"，忠君爱国。当父亲所珍贵的是"慈"，疼爱子女。当子女所珍贵的是"孝"，孝顺父母。当兄长所珍贵的是"友"，爱护弟弟。当弟弟所珍贵的是"恭"，尊敬兄长。当丈夫所珍贵的是"和"，对妻子和睦。当妻子所珍贵的是"柔"，对丈夫温顺。侍奉师长

白鹿洞书院朱熹祠

白鹿洞书院朱熹塑像

要有礼貌，交朋友应当重视信用。遇见老人要尊敬，遇见小孩要爱护。有德行的人，即使年纪比我小，我一定尊敬他；品行不端的人，即使年纪比我大，我一定远离他。不要随便议论别人的缺点，切莫夸耀自己的长处。对有仇隙的人，用讲事实摆道理的办法来解除仇隙，对埋怨自己的人，用坦诚正直的态度来对待他，不论是得意或困难逆境，都要平静安详，随遇而安。别人有小过失，要谅解容忍；别人有大错误，要按道理劝导帮助他。不要因为是细小的好事就不去做，不要因为是细小的坏事就去做。别人做了坏事，应该帮助他改过，不要宣扬他的恶行；别人做了

还原武夷书院讲学场景

好事，应该多加表扬。待人办事没有私人仇怨，治理家务不要另立私法。不要做损人利己的事，不要妒忌贤才和怨恨有能力的人。不要声言愤愤对待蛮不讲理的人，不要违反正当事理而随便伤害人和动物的生命。不要接受不义的财物，遇到合理的事物要拥护。不可不勤读诗书，不可不懂得礼义。子孙一定要教育，童仆一定要怜恤。一定要尊敬有德行有学识的人，一定要扶助有困难的人。这些都是做人应该懂得的道理，每个人尽本分去做才符合"礼"的标准。这样做也就完成了天地万物赋予我们的使命，顺乎"天命"的道理法则。人如果做到这些，老天都会帮助他。

（四）经典点评

读书要"心到，眼到，口到"，这里提及的是学习态度。在现实生活当中有的孩子学习态度不端正，没用一个积极的、求知的态度来对待学习，认为学习是给老师、父母学的，所以读书的时候总是三心二意，不能全心全意用心地去读书，而这样的学习是徒劳的。作为父母要端正孩子的学习态度，让孩子乐于学习，引导孩子主动去学习。"书读千遍，其义自见"，读书在于用心，在于思考。只有孩子主动学习,他才能"读千遍,懂其义"。父母要培养孩子正确的学习态度和学习方法，

朱熹塑像

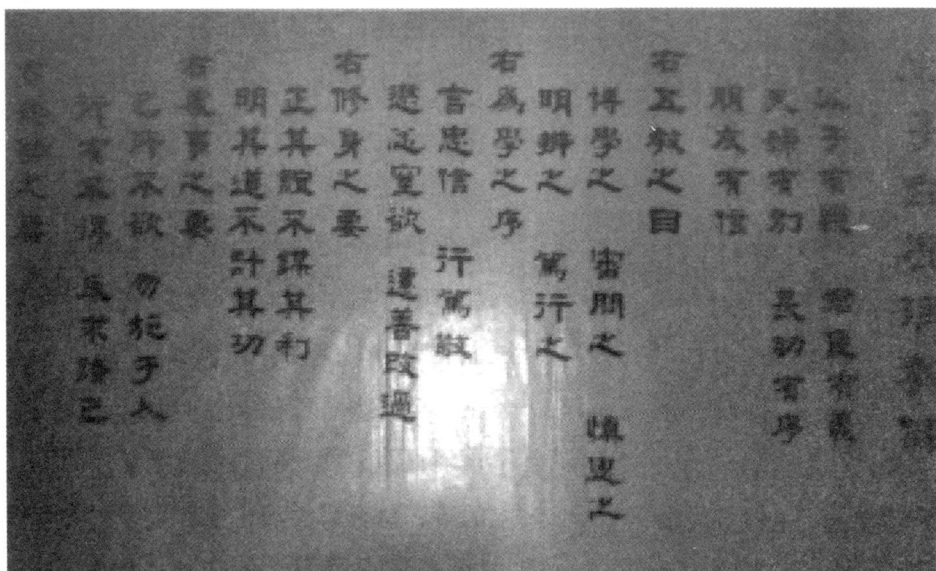

朱子白鹿洞教条

只有这样才能培养孩子自主学习的能力，才能让孩子乐于学习，学会学习。

家庭自古以来就是社会的基本细胞。对每一个人来说，家庭是人生的起点，也是休息和生活的港湾，无论谁都离不开家庭的支持与帮助。营造一个温馨的家，创造和睦的家庭生活，无论是过去还是将来，都是人们追求的亘古不变的目标。朱熹《家训》为实现这样的目标提供了一个理论上的指南。他要求父母对子女要"慈"、"爱"。他认为"父之所贵者，慈也"。所谓"慈"，即父母要疼爱子女。父母对子女的爱必须是至善的爱。但是父母对子女千万不可溺爱，溺爱是害。

特别是当代社会，由于大都是独生子女，父母乃至爷爷奶奶对孩子都视为掌上明珠，一味迁就，百般疼爱，养成了孩子唯我独尊、任性的性格，许多家庭的孩子出现了攻击性强，骄横跋扈，狭隘偏执等不良品行，这为我们的家庭教育敲响了警钟。朱熹《家训》要求子女对父母要"孝"。"子之所贵者，孝也"。世界上的爱很多，但只有一种爱是本能的、不讲回报、心甘情愿的，那就是父母对子女的爱，这种爱植根于生命之中，是最执著、最真诚、最持久的。对子女的爱是一切生命与生俱来的本性，是一个弱小生命降临世间所得到的第一馈赠。而作为子女，当独

朱熹像

立之后就应当主动承担赡养老人的责任与义务，使老人安度晚年，不仅在物质上关心父母，更应在精神上关心父母，在父母面前要保持和气，平常要多问寒问暖。朱熹在文中特别强调，在人际交往过程中，要坚持从我做起，即要努力做到"慎勿谈人之短；切勿矜己之长"，在与人交往中，不要随便揭别人的短处，背后说人家的坏话，伤害别人的感情；也不要因为自己有所长或工作有了成绩，就自我显耀而瞧不起别人，为人应当保持谦逊的本色，切不可骄傲自大，目中无人，也只有这样，人与人之间的交往才能和谐。当与人发生冲突的时候，解决矛盾的方法则是"仇

书院教学石刻

白鹿洞书院教学场所

者以义解之，怨者以直报之。"仇恨自己的人要用情谊来化解它，怨恨自己的人要用诚心去回报，用平静的心态、平和的方式去化解矛盾，切勿以仇报仇、以怨报怨，无论在什么环境下和人发生不愉快的事时，不要记恨于心，要学会理解和宽容。别人有小的过错要用宽容的态度对待，别人有大的错误时也要用道理使其明白错误的地方，促其改正。《家训》中还指出"事师长贵乎礼也，交朋友贵于信也""见老者，敬之，见幼者，爱之"。在人与人交往的过程中要尊敬长辈，爱护晚辈，对待朋友要真诚，要讲信义。如果社会

古代教学书籍

上的每一个人都能做到这些，那么就会构建一个文明、和谐的社会。他在《家训》中还指出"有德者虽年下于我，我必尊之；不肖者，虽年高于我，我必远之"，这与我们当前社会所倡导的"以德为首"的教育思想有着相似之处。尊重有"德"的人，只有这样中华民族的优良传统才可以延续下去。他还指出"勿以善小而不为，勿以恶小而为之"，无论这件善事多么小也要积极地做，把它做好；无论这件恶事多么小也不要去做，坚决不做。父母要教育子女多帮助别人，"与人方便，自己方便"。他还指出"诗书不可不读，礼义不可

朱熹家训墨盒

不知"，认为读书才可以修德，识礼才可以养气，人因读书而美丽，人因识礼而高雅，二者不可偏废。朱熹在《家训》中还以"勿损人而利己"、"不义之财勿取，遇合理之事则从"进一步阐述了做人的行为准则。不能因为个人利益而损害人民利益，不能因为当代的利益而损害后代的利益。他还指出"斯文不可不敬，患难不可不扶。守我之分者，礼也"。他认为，对有知识涵养的人要尊敬，对有困难的人要帮助，这些都是为人应做的，都是做人的本分。

七、朱子家训

（一）作者简介

《朱子家训》又名《朱子治家格言》、《朱柏庐治家格言》，是以家庭道德为主的启蒙教材。作者朱柏庐（1617—1688 年），名用纯，字致一，自号柏庐，江苏昆山市人。著名理学家、教育家。《朱子家训》仅五百二十二字，精辟地阐明了修身治家之道，将中国几千年形成的道德教育思想以名言警句的形式表达出来，用它来经营家庭和教育子女。

（二）原文

黎明即起，洒扫庭除，要内外整洁。既昏便息，关锁门户，必亲自检点。一粥一饭，

《朱子家训》屏风

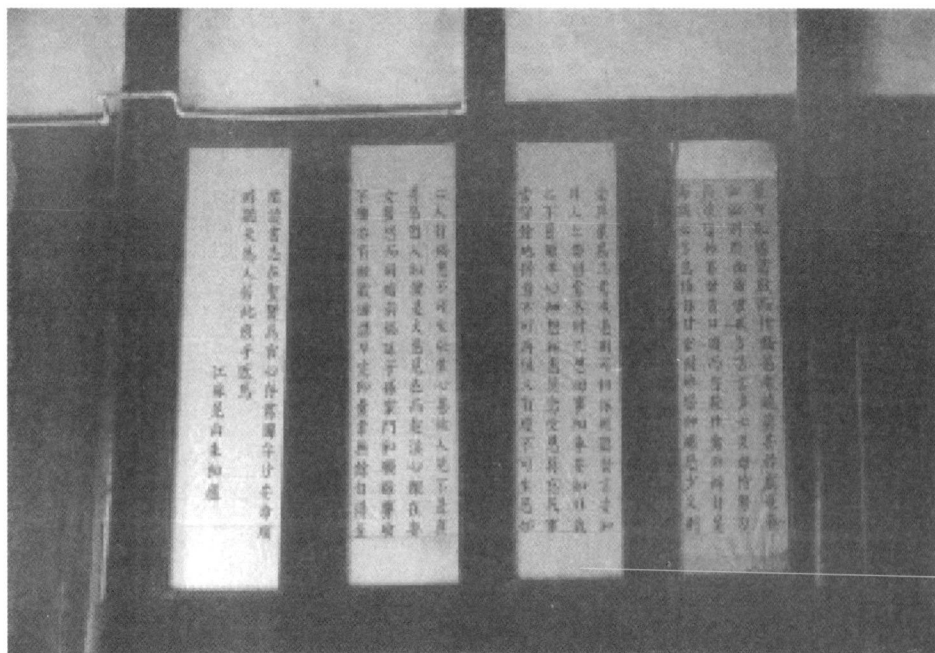

当思来处不易；半丝半缕，恒念物力维艰。宜未雨而绸缪，毋临渴而掘井。自奉必须俭约，宴客切勿流连。器具质而洁，瓦缶胜金玉。饮食约而精，园蔬愈珍馐。勿营华屋，勿谋良田。三姑六婆，实淫盗之媒；婢美妾娇，非闺房之福。童仆勿用俊美，妻妾切忌艳妆。祖宗虽远，祭祀不可不诚；子孙虽愚，经书不可不读。居身务期质朴，教子要有义方。勿贪意外之财，勿饮过量之酒。与肩挑贸易，勿占便宜；见贫苦亲邻，须多温恤。刻薄成家，理无久享；伦常乖舛，立见消亡。兄弟叔侄，须分多润寡；长幼内外，宜法肃辞严。听妇言，乖骨肉，岂是丈夫；重资财，薄父母，不成人子。

《朱子家训》屏风

《朱柏庐先生治家格言》

嫁女择佳婿，毋索重聘；娶媳求淑女，毋计厚奁。见富贵而生谄容者，最可耻；遇贫穷而作骄态者，贱莫甚。居家戒争讼，讼则终凶；处世戒多言，言多必失。毋恃势力而凌逼孤寡，勿贪口腹而恣杀牲禽。乖僻自是，悔误必多；颓惰自甘，家道难成。狎昵恶少，久必受其累；屈志老成，急则可相依。轻听发言，安知非人之谮诉，当忍耐三思；因事相争，安知非我之不是，需平心暗想。施惠勿念，受恩莫忘。凡事当留余地，得意不宜再往。人有喜庆，不可生妒忌心；人有祸患，不可生喜幸心。善欲人见，不是真善；恶恐人知，便是大恶。

见色而起淫心，报在妻女；匿怨而用暗箭，祸延子孙。家门和顺，虽饔飧不继，亦有余欢；国课早完，即囊橐无余，自得至乐。读书志在圣贤，非徒科第；为官心存君国，岂计家身。守分安命，顺时听天。为人若此，庶乎近焉。

（三）译文

每天早晨黎明就要起床，先用水来洒湿厅堂内外的地面，然后扫地，使厅堂内外整洁；到了黄昏便要休息并亲自查看一下要关锁的门户。对于一顿粥或一顿饭，我们应当想着来之不易；对于衣服的半根丝或半条线，我们也要常念着这些物资的产生是很艰难的。凡事先要准备，像没到下雨的时候，要先把

《朱子家训》

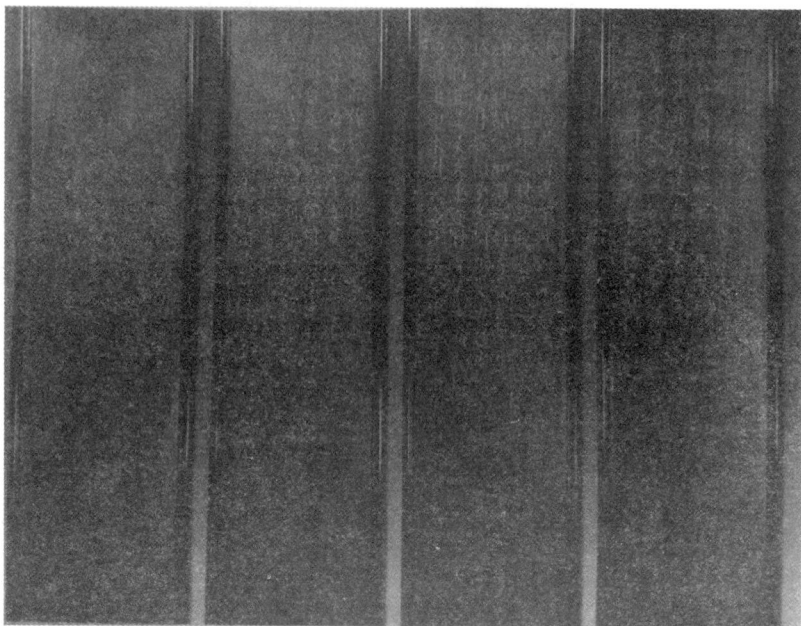

《朱子家训》挂屏

房子修补完善，不要临时抱佛脚，等到了口渴的时候，才想起来掘井。自己生活上必须节约，聚会在一起吃饭切勿流连忘返。餐具质朴而干净，虽是用泥土做的瓦器，也比金玉制的好；食品节约而精美，虽是园里种的蔬菜，也胜于山珍海味。不要营造华丽的房屋，不要图买良好的田园。社会上不正派的女人，都是荒淫和盗窃的媒介；美丽的婢女和娇艳的姬妾，不是家庭的幸福。家僮、奴仆，不可雇用英俊美貌的，妻、妾切不可有艳丽的妆饰。祖宗虽然离我们年代久远了，祭祀却要虔诚；子孙虽然愚笨，五经、四书却要

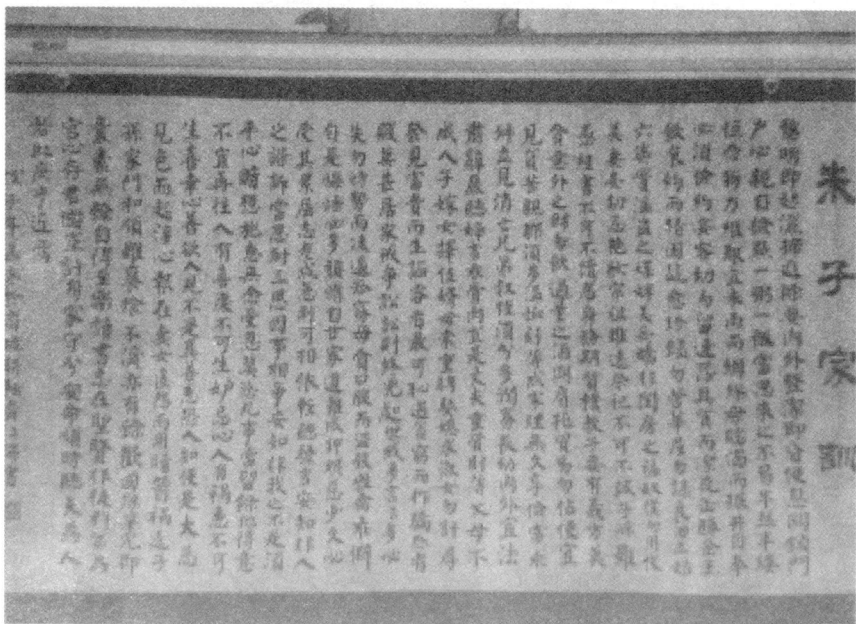

诵读。自己生活节俭，以做人的正道来教育
子孙。不要贪不属于你的财，不要喝过量的
酒。和做小生意的挑贩们交易，不要占他们
的便宜；看到穷苦的亲戚或邻居，要关心他们，
并且要对他们有金钱或其他的援助。对人刻
薄而发家的，绝没有长久享受的道理；行事
违背伦常的人，很快就会消亡。兄弟叔侄之
间要互相帮助，富有的要资助贫穷的；一个
家庭要有端正的规矩，长辈对晚辈言辞应庄
重。听信妇人挑拨，而伤了骨肉之情，哪里
配做一个大丈夫呢？看重钱财，而薄待父母，
不是为人子女的道理。嫁女儿，要为她选择

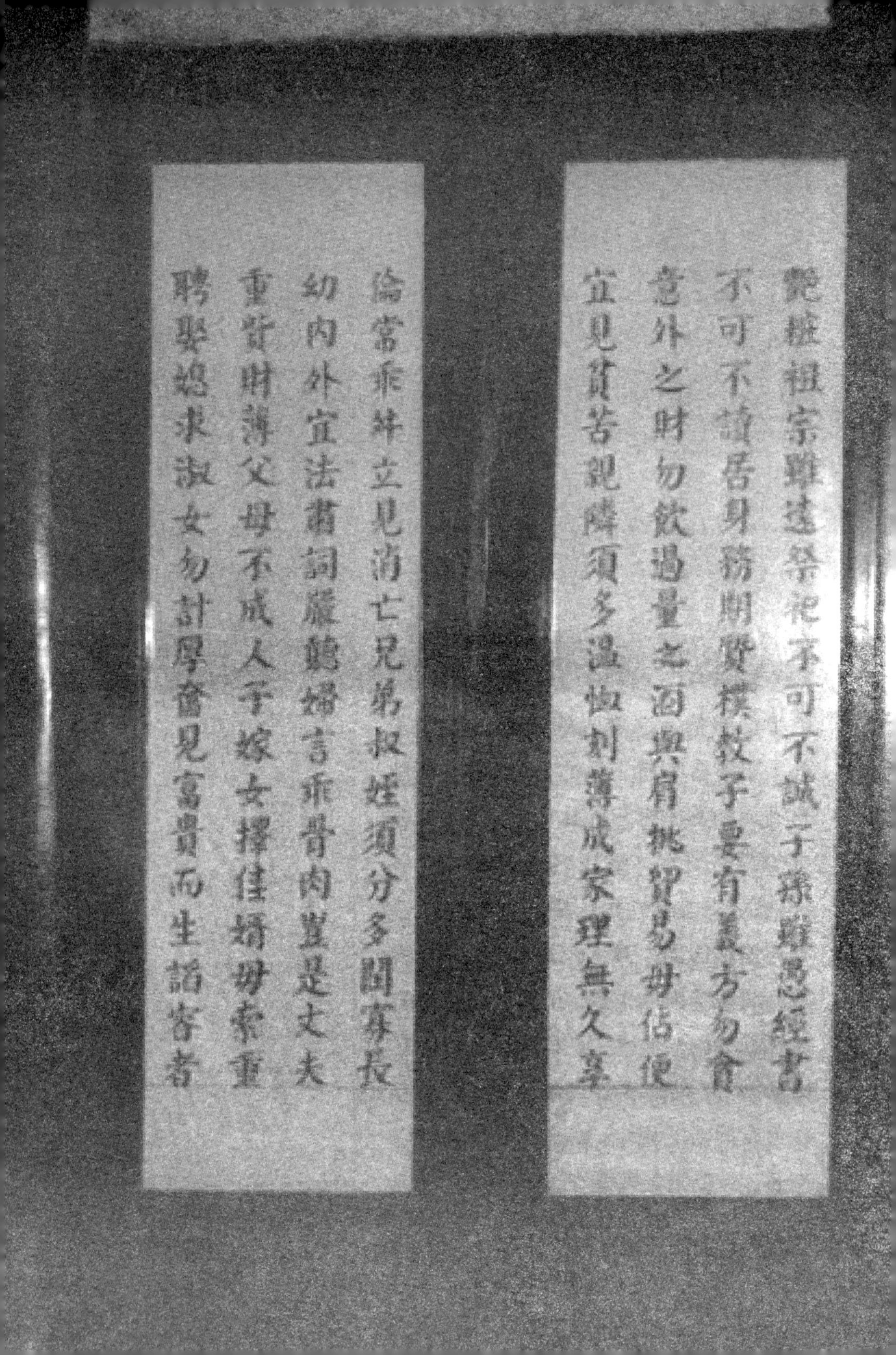

艷粧祖宗雖遠祭祀不可不誠子孫雖愚經書
不可不讀居身務期質樸教子要有義方勿貪
意外之財勿飲過量之酒與肩挑貿易毋佔便
宜見貧苦親隣須多溫恤刻薄成家理無久享

倫當乖舛立見消亡兄弟叔姪須分多閏寡
幼內外宜法蕭詞嚴聽婦言乖骨肉豈是丈夫
重貲財薄父母不成人子嫁女擇佳婿毋索重
聘娶媳求淑女勿計厚奩見富貴而生諂容者

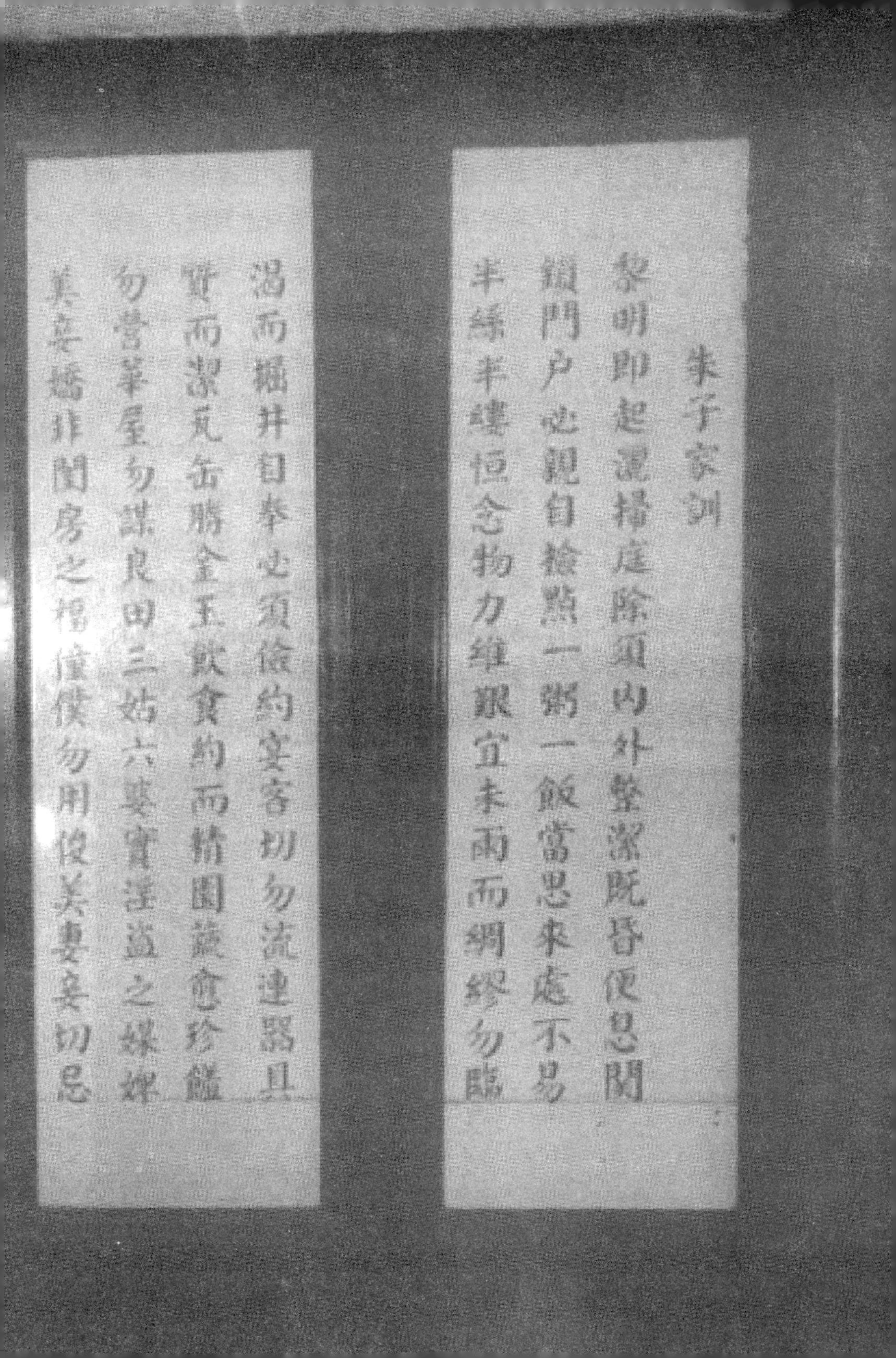

朱子家訓

黎明即起灑掃庭除須内外整潔既昏便息

鎖門戶必親自檢點一粥一飯當思來處不易

半絲半縷恒念物力維艱宜未雨而綢繆勿臨

渴而掘井自奉必須儉約宴客切勿流連器具

質而潔瓦缶勝金玉飲食約而精園蔬愈珍饈

勿營華屋勿謀良田三姑六婆實淫盜之媒婢

美妾嬌非閨房之福僮僕勿用俊美妻妾切忌

贤良的夫婿，不要索取贵重的聘礼；娶媳妇，需求贤淑的女子，不要贪图丰厚的嫁妆。看到富贵的人，便做出巴结讨好的样子，是最可耻的，遇着贫穷的人，便作出骄傲的态度，是卑贱不过的。居家过日子，禁止争斗诉讼，一旦争斗诉讼，无论胜败，结果都不吉祥；处世不可多说话，言多必失。不可用势力来欺凌压迫孤儿寡妇，不要贪口腹之欲而任意地宰杀牛羊鸡鸭等动物。性格古怪，自以为是的人，必会因常常做错事而懊悔；颓废懒惰，沉溺不悟，是难成家立业的。亲近不良的少年，日子久了，必然会受牵累；恭敬自谦，虚心地与那些阅历多而善于处事的人交往，

《朱柏庐先生治家格言》

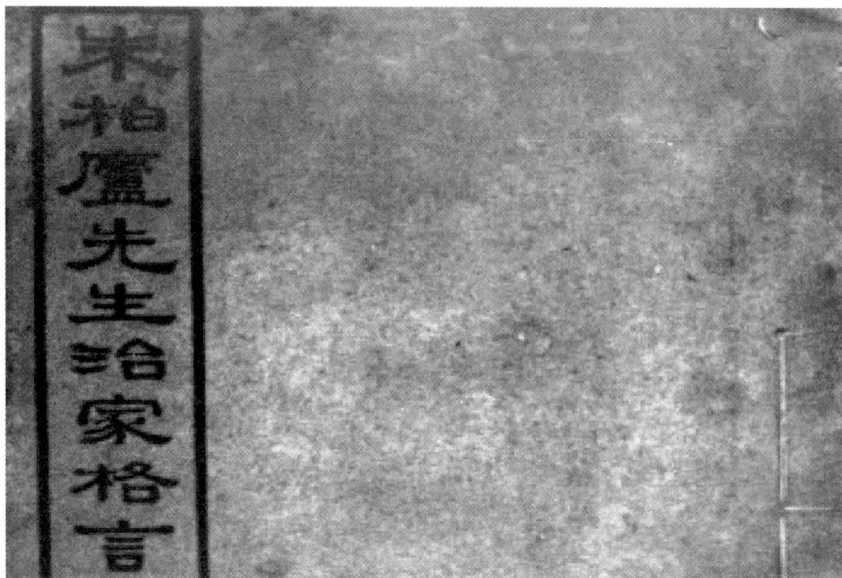

遇到急难的时候，就可以受到他的指导或帮
助。他人来说长道短，不可轻信，要再三思考。
因为怎知道他不是来说人坏话呢？因事相争，
要冷静反省自己，因为怎知道不是我的过错？
对人施了恩惠，不要记在心里，受了他人的
恩惠，一定要常记在心。无论做什么事，当
留有余地；得意以后，就要知足，不应该再
进一步。他人有了喜庆的事情，不可有妒忌
之心；他人有了祸患，不可有幸灾乐祸之心。
做了好事，而想他人看见，就不是真正的善
人。做了坏事，而怕他人知道，就是真的恶
人。看到美貌的女性而起邪心的，将来报应，
会在自己的妻子儿女身上；怀恨在心而暗中

《朱子家训》碑刻

伤害人的，将会给自己的子孙留下祸根。家里和气平安，虽缺衣少食，也觉得快乐；尽快缴完赋税，即使口袋所剩无余也自得其乐。读圣贤书，目的在学圣贤的行为，不只为了科举及第；做一个官吏，要有忠君爱国的思想，怎么可以考虑自己和家人的享受？我们守住本分，努力工作生活，上天自有安排。如果能够这样做人，那就差不多和圣贤做人的道理相合了。

（四）经典点评

《朱子家训》是清朝初年一部有口皆碑的家教读物，本为朱柏庐教育子女所用。他在

《朱子家训》是清朝初年一部有口皆碑的家教读物

家训中要子女安分守己、勤劳节俭、敦睦人伦，将古代圣贤理想用平白的话语说给子女们听。这可以看作是儒学齐家思想在一个具体家庭中的实践。本书由于它的深刻、精警、发人深思，故在民间广为流传。其中的一些话语，迄今已成为汉语中的常用成语，为百姓所津津乐道。在今天看来，《朱子家训》仍然不失为一部施行家庭教育，培育子女完善人格，以及接受传统文化教育的初阶读本。

《朱子家训》开宗明义指出："黎明即起，洒扫庭除。"要内外整齐，养成早起的好习惯，事事从容不迫，有条不紊，并将"庭除"打

《朱柏庐先生治家格言》

扫干净。要过节俭、质朴的生活，开源节流，"一粥一饭，当思来处不易；半丝半缕，恒念物力维艰"，"器具质而洁，瓦罐胜金石；饭食约而精，园蔬愈珍馐"，"勿营华屋，勿谋良田"，这些言简意赅、易懂易记的条文，教导人要爱惜衣物、爱惜粮食，节约成习。《朱子家训》告诫子孙："祖宗虽远，祭祀不可不诚。"谆谆告诫我们要尊亲敬祖，弘扬中华民族优良传统美德。《朱子家训》告诫后人"嫁女择佳婿，毋索重聘；娶媳求淑女，毋计厚奁"，"见富贵而生谄容者，最可耻；遇贫穷而作骄态者，贱莫甚"，把一个人的品德看得最为珍贵，美丽与否，财富多寡，不足计较，有品德的人才能赢得众人的仰慕。同时还告诫后人，要心存善念、改过行善。"善欲人见，不是真善；恶恐人知，便是大恶"，告诫我们要心存善念，身行善事。在待人处事方面，倡导要为他人着想，凡事当留余地，要以谦逊的态度对人。《朱子家训》说："与肩挑贸易，勿占便宜；见贫苦亲邻，须多温恤。""毋恃势力而凌逼孤寡，勿贪口腹而恣杀生禽。"指出："守分安命，顺时听天。为人若此，庶乎近焉。"要求后人知足常乐，倡导安分守己的人生观，凡事莫强求，平凡中自有心安理得的快乐。

随着现代社会的发展，人们的物质生活水平有了很大的提高，但同时在精神生活领域，"道德滑坡"现象不容忽视。社会竞争日趋激烈，家长过多关注孩子的知识技能而忽视了孩子的道德教育，出现了重智育轻德育的现象，家庭道德教育一度弱化。《朱子家训》告诫子孙以修己开始，注重品德修养与良好习性的养成，与人相处时要心存善念。为人处世的一个根本问题，或者说修身养性的根本问题，就是如何对待个人与他人，个人与社会的利益关系。遇事为他人着想，关心他人、同情他人、成就他人，对协调人际关系，减少纷争，有着积极作用，是一种十分可贵的处世美德。家庭教育对一个人的人格形成有着不可取代的作用，父母在家庭教育过程中要注意培养孩子诚实守信的品质，对孩子最终人格定型有着重要意义。《朱子家训》要求父母以身作则，父母的一言一行都是孩子效仿的对象，父母的一言一行对孩子的日常行为会产生很大的影响，想要孩子做到诚实守信，父母首先要"言必行，行必果"才能使孩子信服，使孩子养成诚实守信的道德习惯。人应当学会如何做人，学会做人是学习的基

竹笔筒《朱子家训》

《朱子家训》

础，这才是教育的本真意义。

随着社会主义市场经济的发展及西方思想的涌入，生活水平日益提高，但在意识形态领域却出现了一些与社会主义思想道德相违背的思想倾向，如拜金主义，金钱至上，唯利是图；腐败之风屡禁不止；在经济大潮中不讲信誉，假货泛滥，这些思潮使一些家庭伦理道德扭曲，面对这些不良现象，我们应吸纳中华民族千百年来形成的传统家庭伦理道德的精华，这对我们家庭乃至社会有着不可替代的效用。

八、袁采家训

天之道利而不害
人之道爲而不爭

——《道德經》

（一）作者简介

袁采，生年不详，卒于 1195 年，字君载，南宋衢州信安（今浙江）人，隆兴元年登进士第三，官至监登闻鼓院。曾任乐清县县令，廉明刚直，政声颇佳。《袁氏家训》共三卷，分睦亲、处己、治家三卷。后被人推为"颜氏家训之亚"。

（二）原文摘录

1. 人之父子，或不思各尽其道，而互相责备者，尤启不和之渐也。若各能反思，则无事矣。为父者曰："吾今日为人之父，盖前日尝为人之子矣。凡吾前日事亲之道，每事尽善，则为子者得于见闻，不待教诏而知

《道德经》石刻

效。倘吾前日事亲之道有所未善，将以责其子，得不有愧于心！"为子者曰："吾今日为人之子，则他日亦当为人之父。今父之抚育我者如此，畀付我者如此，亦云厚矣。他日吾之待其子，不异于吾之父，则可以俯仰无愧。若或不及，非惟有负于其子，亦何颜以见其父？"然世之善为人子者，常善为人父，不能孝其亲者，常欲虐其子。此无他，贤者能自反，则无往而不善；不贤者不能自反，为人子则多怨，为人父则多暴。然则自反之说，惟贤者可以语此。

《老子骑牛图》

2. 人之平居，欲近君子而远小人者。君子之言，多长厚端谨，此言先入于吾心，乃吾之临事，自然出于长厚端谨矣；小人之言多刻薄浮华，此言先入于吾心，及吾之临事，自然出于刻薄浮华矣。且如朝夕闻人尚气好凌人之言，吾亦将尚气好凌人而不觉矣；朝夕闻人游荡不事绳检之言，吾亦将游荡不事绳检而不觉矣。如此非一端，非大有定力，必不免渐染之患也。

3. 慈父固多败子，子孝而父或不察。盖中人之性，遇强则避，遇弱则肆。父严而子知所畏，则不敢为非；父宽则子玩易，而恣其所行矣。子之不肖，父多优容；子之愿悫，

清刻本《诗经》

父或责备之无已。唯贤智之人即无此患。至于兄友而弟或不恭，弟恭而兄不友；夫正而妇或不顺，妇顺而夫或不正，亦由此强即彼弱，此弱即彼强，积渐而致之。为人父者，能以他人之不肖子喻己子；为人子者，能以他人之不贤父喻己父，则父慈爱而子愈孝，子孝而父亦慈，无偏胜之患矣。至如兄弟、夫妇，亦各能以他人之不及者喻之，则何患不友、恭、正、顺者哉！

4. 人之有子，须使有业。贫贱而有业，则不至于饥寒；富贵而有业，则不至于为非。凡富贵之子弟，耽酒色，好博弈，异衣服，饰舆马，与群小为伍，以至破家者，非其本心之不肖，由无业以度日，遂起为非之心。

小人赞其为非，则有啜钱财之利，常乘间而翼成之。子弟痛宜省悟。

5.富贵乃命之偶然，岂宜以此骄傲乡曲！若本自贫窭，身致富厚，本自寒素，身致通显，此虽人之所谓贤，亦不可以此取尤于乡曲。若因父祖之遗资而坐享肥浓，因父祖之保任而驯致通显，此何以异于常人！其间有欲以此骄傲乡曲，不亦羞而可怜哉！

6.人之性行，虽有所短，必有所长。与人交游，若常见其短而不见其长，则时日不可同处；若常念其长而不顾其短，虽终身与之交游可也。

老子雕像

7. 勉人向善，谏人为恶，固是美事，先须自省。若我之平昔自不能为，岂惟人不见听，亦反为人所薄。且如己之立朝可称，乃可诲人以立朝之方；己之临政有效，乃可诲人以临政之术；己之才学为人所尊，乃可诲人以进修之要；己之性行为人所重，乃可诲人以操履之详；己能身致富厚，乃可诲人以治家之法；己能处父母之侧而谐和无间，乃可诲人以至孝之行。苟为不然，岂不反为所笑？

8. 乡人有纠率钱物以造桥、修路及打造渡航者，宜随力助之，不可谓舍财不见获福而不为。且如造路既成，吾之晨出暮归，仆马无疏虞，及乘舆马、过渡桥，而不至惴栗者，皆所获之福也。

（三）译文

1. 在社会生活中，父与子之间，有的彼此不思虑自己的职责，却责备对方，这是导致父子不和的最重要的原因。如果父与子各自都能反思一下自己，那么就会相安无事。做父亲的应该这样说："我现在做人的父亲，从前曾经是别人的儿子。大凡我原来侍奉父母的原则是每事求尽善尽美，那么做子女的就会有所闻见，不等做父亲的去教导他们，

道德经

他们就会明白怎样去对待父母了。倘若我过去侍奉父母未能尽善尽美，却去责备孩子不能做到这些，难道不是有愧于自己的良心吗？"做儿子的应该这样说："我今天作为别人的儿子，日后肯定会成为他人的父亲。今日我的父亲这样尽心尽力地抚养培育我，并且为我付出许多心血，可以称得上是厚爱了。日后我对待自己的子女，只有做到与我父亲待我的程度一样，才可以无愧于自己的良心。如果做不到这些，不仅仅有负于子女，更无颜面去见父亲。"世上的人善于做儿子的，常常也很善于当别人的父亲，不能够孝顺其父

孔子雕像

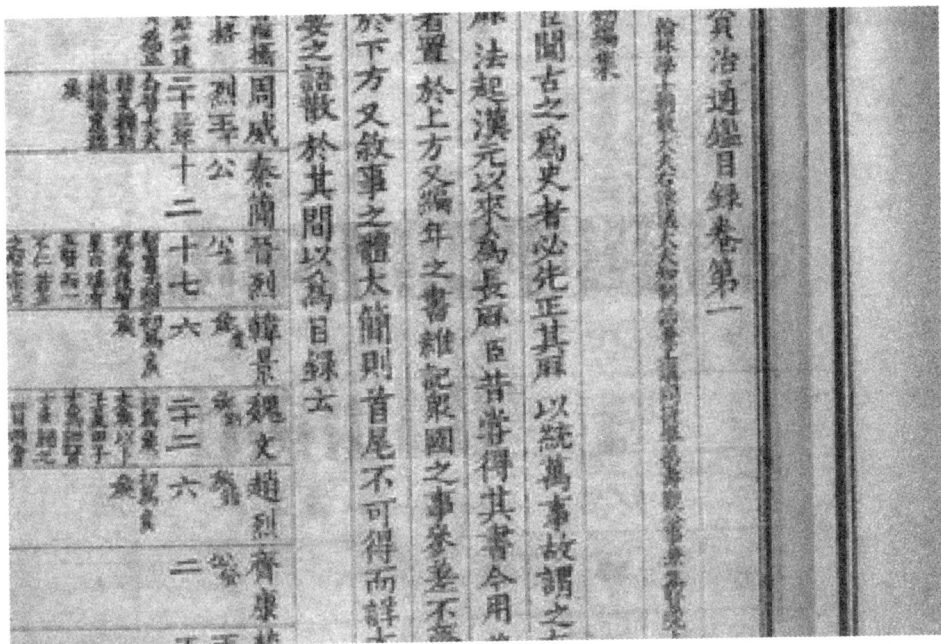

母双亲的，也常常想虐待其子女。其中没有
别的道理，贤达的人能够自己反省自己，那
么就会做事稳当，少出差错；不贤达的人不
能够反省自己，做儿子多怨恨，做父亲多暴戾。
那么自己反省自己的道理，只有贤达的人才
可以谈论。

2. 日常生活中，人们都想与君子结交而
远离小人。君子的言论，大多忠厚老实，端
庄严谨，有长者之风。这种言论先进入我的
心中，等到我遇到事情的时候，我也自然而
然会有忠厚老实，端庄严谨的长者风度；小
人的言论却多为刻薄浮华之言，如果这种言
论首先进入我心中的话，等我遇到事情时，

袁采家训

三味书屋

自然而然也会有刻薄浮华的言论。正如早晚耳边充斥的都是盛气凌人之言，我也就变得盛气凌人而自己却不明白；早晚听那些游荡之人目无法纪的言论，我也变得喜欢游荡，目无法纪却不自知。像这样的情况出现得很多，如果没有很强的自控能力，必然免不了逐渐沾染到不良结果。

3. 过于慈祥的父亲容易造就败家子，儿子的孝顺有时却并不被父亲所觉察。大概依平常人之性情来说，碰到强大的事物就会回避，遇到软弱的事物就会大肆放纵。父亲严

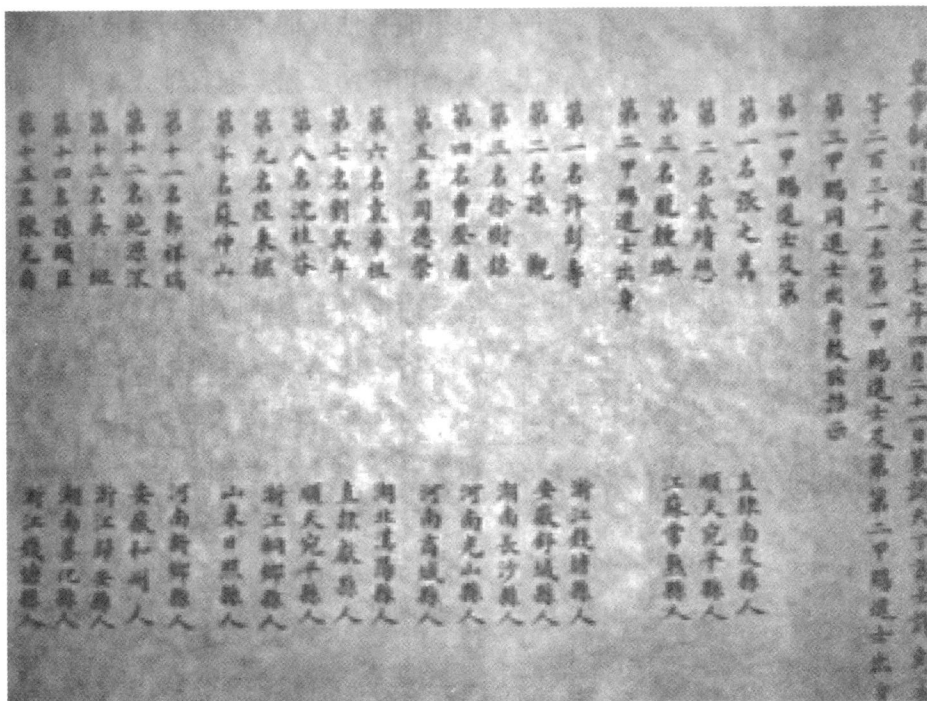

肃，儿子知道自己该畏惧什么，那么就不敢胡作非为；父亲宽缓，儿子对一切事物都持轻视态度，因而放纵自己的行为。对于儿子的不肖，父亲多宽容；对于儿子的谨慎诚实，为父的有时责备不已。只有贤达充满智慧的人才没有此种祸患。至于那些兄长友爱弟弟，弟弟却不敬重兄长的，弟弟尊敬兄长，兄长却并不爱惜弟弟的；丈夫正派，妻子却不和顺，妻子和顺而丈夫不正派的，也是由于一方强大了，另一方就很弱小；一方弱小，另一方就会强大，这是由逐渐积累而形成的。做父亲的，如果能将他人的不肖子与自己的儿子作比较；做儿子的，如果能将他人不贤达的父亲与自己的父亲相比，那么父亲慈祥和顺，儿子就会愈加孝顺；儿子孝顺，父亲就会更加慈爱，这样就避免了偏颇的隐患。至于兄弟、夫妇之间，如果也各自能以他人的缺点与自己亲人的优点去比较，那么还怕自己的亲人对自己不友爱，不恭敬，不正派，不和顺吗？

4.人有了自己的孩子之后，必须使孩子有某种职业。贫穷的家庭使孩子有职业。那么就不至于受饥寒之苦；富贵之家使孩子有职业，那么孩子就不至于由于无所事事而胡作非为。大凡富贵之家的孩子，沉湎于酒色，喜好赌博下棋，喜欢穿华丽的衣服，爱好装饰自己的车马，并且总是与不务正业的群小为伍，甚至于使家庭破败，这并不是乘于他们的本心不好，而是由于他们没有职业找不到事情可做，便容易生胡作非为之心。心术不正的小人对他们这种胡作非为大加赞扬，是为了得到美食和钱财的好处，常常趁虚而入，推波助澜，使他们坏事做得更多。孩子们应该对此有痛定思痛之后的清醒认识。

5.谁富谁贵，在人生中是极偶然的事，岂能因为富贵了就在乡里作威作福！如果本

书法篆刻

来贫穷，后来发财致富；本来出身微贱，后来身居高官，这种人虽然被人称为有才能，但也不能因此而在家乡过于招摇。如果因为祖先的遗产而过上富足生活，依靠父亲或祖父的保举而获得高官，这种人与常人又有什么区别？他们中如果有人想借这种富贵与官位在乡邻面前炫耀，这种炫耀不仅是令人感到羞愧的，而且是令人感到可怜的。

6.人的性格、品行中虽然有短处，也一定有长处。与人交往，如果经常注意别人的短处，而无视别人的长处，那么，就连一刻也难以与人相处；相反，如果常想着别人的

张栻岳麓书院记

朱熹名言石刻

孔子文化展孔子塑像

石鼓书院

长处，而不去计较他的短处，就是一辈子相交下去也能和睦。

7. 别人做了好事，对他进行勉励赞扬，别人做了坏事，对他进行规谏劝告，这当然是好事，但是必须事先自己反省自己。如果是自己平时也做不到的事，却要去规谏别人，非但不会被别人听取，反倒要被别人鄙薄。这就好比是自己在朝为官，有被人称颂的地方，才可以用自己在朝为官的方法教诲别人；自己处理政事卓有成效，才可以用自己处理政事的方法来教诲别人；自己的才学被人尊崇，才可以用自己进德修业的要领来教诲别人；自己的品性德行被人尊重，才可以用自己的操行来教诲别人；自己能发家致富，才可以用治家之法教诲别人；自己能住在父母旁边而能与父母和睦相处，才能用自己的孝顺行为来教诲别人。如果说自己尚且做不到这些，却要去教诲别人，岂不反倒被别人耻笑吗？

8. 乡里有号召大家募捐钱物造桥、修路以及打造渡船的人，人们都应该根据自己的财力资助这类善举。不能说自己捐舍了钱财而得不到好处就不干这样的事。而且如果将来道路修成了，你早出晚归，仆人、马匹都

《孟子》

古代教学手稿

无危险，至于你乘车、过河，也不至于担惊受怕，这都是你所获得的好处。

（四）经典点评

父母总是想方设法培养自己的子女，希望他们有所成就。作为父母要以身作则、言传身教，只有这样才能成为子女学习的榜样。如果父母明白自身应当以身示范，孩子也能够从父母身上得到启示，"其身正，不令而行；其身不正，虽令不从"说的就是这个道理。父母在没有做好的情况下却把自己的想法强加给孩子，让孩子去做好，这样孩子心里就会有反感，也就收不到成效。苏联教育学家苏霍姆林斯基说过："人的全面发展取决于母亲和父亲在孩子面前是怎样的人，取决于孩子从父母的榜样中怎样认识人与人的关系和社会环境。"在家庭中，想要子女诚实，父母首先要诚实；想要子女勤奋，父母首先要勤奋。作为父母要体会"以身示范"的重要作用，给孩子树立一个良好的榜样，给孩子提供一个健康的成长空间。

父母对待子女要用慈严相济的方法，提倡慈训并重，爱教结合。现实社会当中，有些父母还秉承着"棍棒之下出孝子""不打不成材"等封建的教育方法来教育孩子，这样一味只强调威严性、权威性会使家庭教育变得简单、生硬、粗暴，作为孩子，也会因为父母与子女之间缺乏情感交流而难以明理体爱，甚至会对家庭产生一种消极的恐惧心理。随着经济的发展和观念的转变，独生子女家庭越来越多，溺爱迁就也使得孩子变得自私、褊狭、任性，根本不懂得尊敬长辈，不懂得尊敬他人，这种性格的养成，对于孩子的成长会带来许多负面的影响。所以说父母的慈爱与威严是一个统一体，缺少哪一个对于孩子健康的成长都是不利的，父母要深知这一

古代书房

点，不可偏颇，要协调好两者之间的关系。

"与善人居，如入芝兰之室，久而自芳；与恶人居，如入鲍鱼之肆，久而自臭也"，有什么样的环境和教育就会有什么样的人，这是一种无言的教育。这种环境对子女的熏陶和影响是客观存在的，良好的教育环境有利于子女健康地成长。只有在好的环境氛围之中，才能实现在耳濡目染之间对子女的熏陶教育。

当今社会随着物质生活条件的大大改善，青年一代不同程度地存在避苦趋乐的现象，社会上也就出现"啃老一族"，这些都是值得我们反思的。家庭教育的最终目的，就是要

武夷书院

帮助孩子用自己的双脚在这个世界上站起来，这既是家庭的需要，也是社会的需要。作为家长不仅要重视子女的文化知识学习，还要重视培养子女自立自强的精神。要让孩子真正成为有独立意识，有自立精神，有创业热情的个体，阻止"啃老一族"的继续存在。

"与人相处和为贵"，现今的独生子女越来越多，在家里，父母、老人的百般疼爱下造成了孩子唯我独尊的个性，父母应该教育子女为人要谦逊，不要因为家庭条件的优越而到处炫耀，只有自己有真才实学才能在未来的社会中占有一席之地。父母要告诫孩子多看到别人的长处和优点，不要只看别人的

翰林牌匾

古代避暑读书石刻

不足和缺点，人无完人，谁也不可能没有缺点，谁也不可能不犯错误，只有这样人与人之间才能和谐相处。

乡亲邻里关系方面。袁采提出邻居之间要和睦相处，平日多加抚恤，有事相互照应。不要让自家的小孩损坏邻居的花果树木，不要让自家的牛羊鸡鸭践踏、啃啄邻居的庄稼。乡里有造桥修路的公益事业，要尽力予以资助，在帮助别人的时候也就是在帮自己。这些年，随着经济的迅速发展，城区高楼林立，许多居民告别了大杂院，住进了公寓楼，也告别了"抬头不见低头见，张家孩子李家看"的生活，开始了"欢歌笑语相闻，老死不相往来"的时代。有的邻里多年，竟不知对面姓甚名谁，还有的隔壁有小偷在翻箱倒柜，邻里却以为在搬家，这些都是值得我们现代人反思的。"一方有难，八方支援"，正是由于中华儿女的这种奉献精神才使我们国家得以在数次磨难之中坚强地走了过来，也正是由于中华民族的优良传统的延续才使得五千年的文明未曾中断过。作为父母应该有责任、有意识地将这些优良传统教授给子女，让这些中华精神继续传承下去。